essentials

Essentials liefern aktuelles Wissen in konzentrierter Form. Die Essenz dessen, worauf es als „State-of-the-Art" in der gegenwärtigen Fachdiskussion oder in der Praxis ankommt. Essentials informieren schnell, unkompliziert und verständlich.

- als Einführung in ein aktuelles Thema aus Ihrem Fachgebiet
- als Einstieg in ein für Sie noch unbekanntes Themenfeld
- als Einblick, um zum Thema mitreden zu können.

Die Bücher in elektronischer und gedruckter Form bringen das Expertenwissen von Springer-Fachautoren kompakt zur Darstellung. Sie sind besonders für die Nutzung als eBook auf Tablet-PCs, eBook-Readern und Smartphones geeignet. Essentials: Wissensbausteine aus Wirtschaft und Gesellschaft, Medizin, Psychologie und Gesundheitsberufen, Technik und Naturwissenschaften. Von renommierten Autoren der Verlagsmarken Springer Gabler, Springer VS, Springer Medizin, Springer Spektrum, Springer Vieweg und Springer Psychologie.

Imre Koncsik

Der Geist als komplexes Quantensystem

Interdisziplinäre Skizze einer theory of mind

Prof. Dr. Imre Koncsik
München
Deutschland

ISSN 2197-6708   ISSN 2197-6716 (electronic)
ISBN 978-3-658-07499-9   ISBN 978-3-658-07500-2 (eBook)
DOI 10.1007/978-3-658-07500-2

Die Deutsche Nationalbibliothek verzeichnet diese Publikation in der Deutschen Nationalbibliografie; detaillierte bibliografische Daten sind im Internet über http://dnb.d-nb.de abrufbar.

Springer Spektrum

Springer Spektrum ist eine Marke von Springer DE. Springer DE ist Teil der Fachverlagsgruppe Springer Science+Business Media
www.springer-spektrum.de

Was Sie in diesem Essential finden können

- Die Quantentheorie trifft Aussagen über die mögliche Wirklichkeit: die Möglichkeiten der Verwirklichung sowie der selektierende Akt der Verwirklichung selber unterliegen nicht klassischen Regeln
- Die Systemtheorie denkt vom formalen System her, das sich auf verschiedenen materiellen Substraten verwirklichen kann: methodisch entscheidend ist dabei die Form und nicht die Materie
- Im Bereich des Formalen und Möglichen gibt es Regeln, die sowohl den Geist als auch die Funktion des Gehirns beschreiben: (nicht-)lineare Superpositionen von möglichen Zuständen, selbstbezügliche Strukturen, Synergien und Synchronizitäten, ein Fokus auf dynamische Ablaufmuster und Wechselwirkungen, eine systemische Selektion zwischen den Zuständen sowie eine Verschränkung von Zuständen jenseits von Raum und Zeit
- Nur ein multiperspektivisches Schichtenmodell wird der Wirklichkeit des Geistes und des Gehirns gerecht: der Geist kann als komplexes sich kreativ selbst bestimmendes und selektierendes Quantensystem von komplementären Wechselwirkungen unterschiedlichen Ursprungs verstanden werden, das sich in verschiedenen Schichten auf eine analoge Weise realisiert

Inhaltsverzeichnis

Über die Autoren

Imre Koncsik Professor für Systematische Theologie an der LMU München und an der Päpstlichen Hochschule Heiligenkreuz (Wien). Forschungsschwerpunkt: multi-perspektivische und interdisziplinäre Erfassung der Wirklichkeit. 14 Monografien, 54 Fachbeiträge. Anschrift: Ludwig Maximilians Universität München, Geschwister Scholl Platz 1, 80539 München.
Email: ikoncsik@hotmail.de

Ein naturwissenschaftlich fundierter und naturphilosophisch vermittelter Zugang zum Phänomen des Geistes ist derzeit nur in Grundzügen erkennbar. Dabei bildet ein adäquates Verständnis des Geistes die unhintergehbare Basis für die technologische Umsetzung: die *Künstliche Intelligenz-Forschung* sowie der komplementäre Ansatz über die Simulation oder Emulation neuronaler Netze, wie sie derzeit im Human Brain Project umzusetzen versucht wird, beruhen beide auf der klassischen Physik. Typische *Quanteneffekte* sowie eine im ursprünglichen Sinn[1] *nicht deterministische Systemtheorie* werden weder adäquat gewürdigt noch technologisch umgesetzt. Eine „klassische" Technologie jedoch ist prinzipiell begrenzt und wird kaum über eine kluge Rekombination von Regeln und Meta-Regeln des Verhaltens eines Roboters, der durch ein Programm kontrolliert wird, hinaus kommen. Echte Intelligenz i. S. sich kreativ selbst gestaltender und sich selbst reflektierender Systeme kann so höchstens simuliert, jedoch nicht authentisch realisiert werden.

Auch die moderne *Hirnforschung* hinkt der Quantentheorie sowie einer Beschreibung des Gehirns als nicht-lineares System hinterher: vereinzelt werden Quanteneffekte diagnostiziert, jedoch die Schlussfolgerungen daraus für ein nicht-reduktives Verständnis des Geistes gemieden.[2] Die Gründe hierfür sind naturphilo-

---

[1] „Ursprünglicher Sinn": der Zufall resp. die Nicht-Determiniertheit der Systemtheorie ist nicht durch mangelndes oder prinzipielles Nicht-Wissen bedingt, sondern ist „echt" i. S. der Existenz von unbestimmbaren, quantisierten (?!) Bifurkationspunkten sowie der relativen Unendlichkeit der Fraktale: die Skaleninvarianz ist beliebig fortsetzbar, das Fraktal findet trotz unbegrenzt variabler Zoom-Einstellungen und Skalierungen kein „Ende".

[2] Paradigmatisch bei G. Edelman: Göttliche Luft, vernichtendes Feuer – wie der Geist im Gehirn entsteht, München 1995 (Piper).

© Springer Fachmedien Wiesbaden 2015

I. Koncsik, *Der Geist als komplexes Quantensystem,* essentials,
DOI 10.1007/978-3-658-07500-2_1

sophischer Provenienz: ein materialistisches Verständnis der Natur ist dafür ebenso verantwortlich wie ein fehlender Sinn für die Wirklichkeit und Wirkung der physikalisch quantifizierbaren und zugleich geist-affinen Einheit „Information".[3]

Information korrespondiert naturphilosophisch der bereits in der Antike von Aristoteles identifizierten und so genannten „Formalursache", welche die „energetische" Ursache zusammen mit der „Materialursache" zur Wirkung gelangen lässt[4]: die Wirkung dieses *hylemorphischen* Wirklichkeitsverständnisses, wonach Wirklichkeit grundsätzlich aus den Seinsprinzipien „Materie" und „Form" zusammen wächst, ist das konkrete „Seiende" bzw. ein identifizierbares Ereignis, d. h. eine *Wirkung* als „*informierte* Energie mal Zeit" – und nicht nur als „Energie mal Zeit".

Der Geist wird nun ontologisch auf die Seite der *Form* gestellt, die das Sein verleiht (lat.: „Forma dat esse"). So kann der Geist adäquat erfasst werden, indem von der nicht materialisierten, also nur potentiellen und möglichen Form her gedacht wird. Der Geist *wirkt* dementsprechend informierend, indem es ordnet, strukturiert und Ordnung schafft. Der Geist hält mit Goethe die Wirklichkeit „im Innersten zusammen". Das zeigt sich u. a. an spezifischen Eigenschaften des Geistes wie Selbstbezüglichkeit, Selbsterleben (gemeint sind v. a. die nicht bzw. nur analog verobjektivierbaren Qualia), Emergenz und aktive Erzeugung von neuen Selbstverwirklichungen durch Wiederholung mentaler Vorgänge (Selbsttranszendenz), assoziatives Denken als Ausdruck für das Wirken eines holistischen Informationsprinzips, sowie v. a. an der Fähigkeit zur kreativen, flexiblen und adaptiven Selbstbestimmung und Selbsterschaffung des Geistes, zur nicht zufälligen Entscheidung bzw. Selektion sowie der darin mit vollzogenen Selbst-Wahl[5] u. a. m.

Die Theorie, die auf mentale Prozesse anwendbar ist und einige zentrale Eigenschaften des Geistes beschreibt, ist i. S. der längst fälligen Skizzierung einer nicht

---

[3] Zur Wirklichkeit und Wirkmächtigkeit der Information siehe – unter Berufung auf den Platoniker Werner Heisenberg und seines Schülers Carl Friedrich von Weizsäcker – Thomas Görnitz: Materie und Bewusstsein aus abstrakter, bedeutungsfreier Quanteninformation (Protyposis). In: Philosophia naturalis, Bd. 42, S. 255, 2006. Thomas Görnitz: Der kreative Kosmos. Geist und Materie aus Quanteninformation, Heidelberg 2006 (Elsevier).

[4] Zum aristotelischen Axiom „forma dat esse materiae" siehe Thomas von Aquin, De ente et essentia, cap. 4, n 24.

[5] Der Begriff der Selbstwahl entspringt der existentialistischen Philosophie, die ihren Akzent auf die Autonomie der Selbstverwirklichung legt: indem ein Mensch sich zu anderen verhält, bestimmt und „wählt" er sich selbst „in schöpferischer und kreativer Freiheit". Winfried Weier: Strukturen menschlicher Existenz. Grenzen heutigen Philosophierens, Paderborn 1977 (Schöningh); Alexandre Ganoczy: Schöpfung und Kreativität. Düsseldorf 1980 (Patmos).

reduktionistischen „theory of mind" die Quantentheorie[6] als Derivat einer komplexen Systemtheorie[7].

1.1 Parallelen zwischen dem Geist und der Quantentheorie

Die signifikanten und nicht trivialen Parallelen zwischen geistigen und quantenphysikalischen Prozessen belegen die Notwendigkeit, eine „theory of mind" sowie die mit ihr implizierte Technologie zur artifiziellen Erschaffung eines Geistes quantentheoretisch zu basieren[8].

1.1.1 Klassische Physik reicht zur Erklärung der Struktur und Funktion des Gehirns nicht aus

Das Gehirn kann als primärer *materieller Ort des Wirkens* des Geistes angesehen werden. Dann stellt sich die Frage, ob „Schatten des Geistes"[9] identifizierbar sind. Wenn eine quantentheoretische Deutung der Funktion des Gehirns nicht nur eine hypothetische Meinung sein soll, dann sollte sie *unentbehrlich* und zur Erklärung der Realität der Wirkung des Gehirns notwendig sein. Summarisch können folgende beobachtbare Effekte genannt werden:[10]

- Das Gehirn kann hinsichtlich seiner komplexen Struktur als eine *materialisierte Form* verstanden werden; es ist das Resultat einer Energie, die dadurch zur Subsistenz gelangt, dass sie Strukturen, Formen und Muster bildet. Die Erklärung der Materie sowie die Herleitung der Masse ist ohne Quantenphysik undenkbar. Folglich ist das materielle Gehirn bereits a priori quantenphysikalisch beschaffen.

[6] Zur naturphilosophischen Deutung der Quantentheorie lese man: Thomas Görnitz: Quanten sind anders. Heidelberg 2006 (Elsevier).

[7] Zur naturphilosophischen Deutung der Systemtheorie lese man: Imre Koncsik: Synergetische Systemtheorie. Ein hermeneutischer Schlüssel zum Verständnis der Wirklichkeit, Berlin 2011 (LIT-Verlag).

[8] Siehe dazu: Michael B. Mensky: Consciousness and quantum mechanics. Life in parallel worlds. Miracles of consciousness from quantum reality. Singapore u. a. 2010 (Word Scientific).

[9] Roger Penrose: Schatten des Geistes. Wege zu einer neuen Physik des Bewusstseins, Heidelberg 1995 (Spektrum).

[10] Siehe dazu v. a. Görnitz, Thomas: Der kreative Kosmos. Geist und Materie aus Quanteninformation, Heidelberg 2006 (Elsevier).

- Es wird Information im Gehirn auch *ohne* ein materielles Korrelat bzw. adäquates Substrat übertragen: Mikrotubuli sind *nicht* immer miteinander verbunden, dennoch wird Information übertragen; man denke auch an Gap-Junctions sowie biochemisch „unterbesetzte" Synapsen.
- Das „*binding problem*", d. h. die Frage, wie verschiedene sensorische (oder motorische) Inputs zum selben Perzept (zur selben motorischen Aktion) zusammen gebunden werden, bleibt klassisch ungelöst: bereits nach *einem* Einschwing-Vorgang herrschen Synergie und Synchronizität zwischen zusammen gehörenden Inputs: die Einzelinformationen sind korreliert.
- Die Aktivierungszustände neuronaler Gruppen erfolgen *simultan, koordiniert und synchron*. Die parallele Aktivierung kann als Ausdruck ihrer Informierung interpretiert werden: die Information zur Aktivierung muss an alle Gruppen instantan übertragen werden. Die Zusammenfassung einzelner Informationen zu einem ganzheitlichen Perzept (bzw. zu einer motorischen Aktion) geschieht so, als ob sie nicht im klassisch beobachtbaren „sichtbaren" Bereich, sondern „imaginär" realisiert wird. Die Folge der „imaginären" Zusammenbindung von Information ist eine aufeinander abgestimmte, holokohärente Aktivierung von Neuronenensembles bzw. die formale Ausprägung eines komplexen Aktivitätsmusters. Eine Informationsübertragung auf bio- und elektrochemischem, d. h. auf rein klassischem Weg ist zu langsam.
- Ferner geschieht sie fast immer *richtig*, d. h. die Realität wird *adäquat* wiedergespiegelt bzw. rekonstruiert. Ein klassischer Selektionsvorgang, der zwischen verschiedenen Möglichkeiten der Kombination instantan entscheiden muss, findet nicht statt: es kommt zu keinen „Trial and Error" – Szenarien, d. h. Fehlversuche werden *im Vorfeld* eliminiert. Klassische Physik vermag nicht das – ohne Zeitverlust geschehende – Durchspielen und Screening differenter Möglichkeiten der Kombination zu erklären.

1.1.2 Typische Quanteneffekte

Die Erklärungslücken der klassischen Physik vermag die Quantentheorie teilweise zu schließen. An zwei entscheidenden Punkten kollidiert sie mit der klassischen Physik: sie ist *nicht lokal* (und in einem eingeschränkten Sinn auch nicht temporal) und sie ist *realistisch*, weil sie Angaben zur Realität trifft: *nichtlokaler Realismus*. Folgende typisch nicht klassische Besonderheiten der Quanteneffekte können nun als Basis eines Deute-Musters des Geistes als primärer „Operator" des Gehirns konstatiert werden:

- Verschiedene Möglichkeiten, einen Zustand zu realisieren bzw. eine Form anzunehmen, liegen *parallel und nebeneinander* sowie *nicht* räumlich und nicht zeitlich vor. Sie wechselwirken miteinander *instantan* – ebenfalls *nicht* räumlich und nicht zeitlich.
- Diese Superposition von möglichen Zuständen verhält sich *multiplikativ*: eine Multiplikation zweier Zustandsräume ergibt ebenfalls einen möglichen Zustandsraum. Folglich ist die Kodierung *komplexer* Zustände quantenphysikalisch möglich [siehe unten: Systemtheorie]
- Zwei oder mehr Zustände bzw. die Information über sie können miteinander *verschränkt* werden und bildet einen neuen komplexen Zustand. Die Verschränkung der Information kann auch auf voneinander räumlich und zeitlich getrennten materiellen Substraten geschehen.[11]
- Information kann auf unterschiedlichen *Substraten* (etwa im Spin) kodiert werden.
- Information ist von ihrem materiellen Substrat *relativ unabhängig*: sie wird auf eine nicht lokale und trans-temporale Weise übertragen und verarbeitet[12]. Es kommt auf die Übertragung der Information an, nicht des Substrats: so wird beim Beamen die Information als Verschränkungs-Bit (V-Bit) und nicht das materielle Substrat übertragen. Das V-Bit repräsentiert die o. g. komplexere und sich multiplikativ ergebende Meta-Information.
- Da Quantenzustände durch *komplexe Zahlen* beschrieben werden, ergeben sich – insofern die Quantenphysik als Wahrscheinlichkeitstheorie und Quantenstatistik gelesen wird – *nicht klassische Wahrscheinlichkeiten*. Sie basieren auf dem nicht-lokalen Realismus und finden ihren Niederschlag im täglichen Handwerkszeug der Bell-schen Ungleichungen oder der sog. mathematischen Verschränkungs-Zeugen (als Messung der erfolgreichen Realisierung eines V-Bits[13]).
- Die Wechselwirkung eines *akt-potentiellen* Quantensystems und seiner *konkreten* klassischen Realisierung ist noch nicht zufriedenstellend geklärt (vgl. Messproblem, Dekohärenz). Faktisch wird das klassische Verhalten durch das Quantensystem *wahrscheinlichkeitstheoretisch* bestimmt sowie umgekehrt. Ohne die Quantenphysik wäre das klassische Verhalten nicht erklärbar bzw. nur ungenau und ohne Bezug auf die konstitutiven Möglichkeiten, sich zu realisieren, beschrieben.

---

[11] Dieser Effekt war bekanntlich das Thema des EPR-Paradoxons. Anton Zeilinger: Einsteins Spuk. München 2007 (Goldman).

[12] Diesen nichtlokal realistischen Effekt benutzt der erst in der Genese befindliche Wissenschaftszweig der Quanteninformatik bzw. des Quantencomputings. Dagmar Bruß: Quanteninformation, Frankfurt 2003 (Fischer Taschenbuch).

[13] Siehe dazu das erste Lehrbuch der Quanteninformatik: Michael A. Nielsen; Isaac L. Chuang: Quantum Computation and Quantum Information, Cambridge University Press 2000.

1.1.3   Quantischer Geist

Genannte quantentheoretische Effekte, die ihren Niederschlag in der klassisch beobachtbaren Wirkung und Struktur des Gehirns zeigen, entsprechen wiederum Eigenschaften des Geistes. Sie zu eruieren ist Sache der notwendig subjekt-immanenten und somit subjektozentrischen *Introspektion*: hier verfährt man *deduktiv*, indem an a priori Erfahrungen der „Qualia" des Geistes angesetzt wird.[14]

Ein grundsätzliches *philosophisches Problem* ergibt sich, wenn subjektimmanente Erfahrungen generalisiert und etwa auf ein „transzendentales Subjekt", das *alle* Einzel-Subjekte um- und unterfasst, angewandt werden[15]. Kann aus dem Allgemeinen das Konkrete abgeleitet werden?

Eine mögliche Lösung kann in der Entsprechung und *Ähnlichkeit* der Introspektion liegen, d. h. in der *Analogie* der Qualia[16]. Sie lässt *isomorphe Grundmuster* der Erfahrung und somit analog generalisierbare Eigenschaftsbestimmungen des Geistes zu:

- Der Geist ist *nicht quantifizierbar*: Quantifizierung meint „Zerlegung in Teile", Differenzierung und Verendlichung.
  - Quantentheorie: die Zerlegung eines holistischen und aus Sub-Systemen multiplikativ zusammen gesetzten Quantensystems in der klassischen Physik zugänglichen „Teile" bedingt dessen Zerstörung. Das ist analog zur prinzipiellen Kenntnis-Erlangung über den Zustand eines Quantensystems: sobald ein Bit an Information vorliegt oder auch nur prinzipiell vorliegen kann, wurde das QuBit „aufgehoben" und zerstört.

---

[14] In der analytischen Philosophie wird meist die Irreduzibilität der Qualia, d. h. der individuellen und einzigartigen Erfahrung von Qualität bzw. der Einmaligkeit des Selbst-Erlebens von Information, als Argument gegen eine Reduktion des Geistes auf prinzipiell verobjektivierbare klassische Fakten angeführt. Vgl. die Diskussion zusammen fassend Godehard Brüntrup: Das Leib-Seele Problem. Eine Einführung, Stuttgart 4. Aufl. 2012 (Kohlhammer); Godehard Brüntrup: Der Ort des Bewusstseins in der Natur, Basel 2012 (Schwabe).

[15] Philosophisch-ontologisch kehrt die Verhältnisbestimmung von *Allgemeinheit* und *Besonderheit* wieder: der Sinn von „zu sein" bzw. vom „*Sein*" – als dem allgemeinsten Begriff überhaupt – wird nur im konkreten *Selbst-Sein* realisiert. Und damit sich dieses durch- und aus-sich Selbstsein realisiert werden kann, bedarf es des *Mit-Seins* mit *anderen* Selbst-Seienden, also der *Pro-Existenz* bzw. des Existierens auf den Anderen hin. Dadurch wird wiederum der *Universalität* des Seins Rechnung getragen, ohne jedoch die *individuelle Subjektivität* aufzuheben. Imre Koncsik, Wolfgang Wehrmann, Marian Gruber: Die Wahrheit im Zeitalter interdisziplinärer Umbrüche. Art. Die Wahrheit des Seins, Frankfurt a. M. u. a. 2010, S. 129–192 (Peter Lang).

[16] Zur Analogie im philosophischen Sinn lese man etwa: Erich Przywara: Analogia entis. Metaphysik. Prinzip. München 1932 (Kösel und Pustet).

- Der Geist ist *holistisch* und „*irgendwie Alles*": der Mensch kann „Alles" wollen, erstreben, lieben, erkennen, kurz: alles „sein". Er ist somit relativ bzw. genauer: relational unendlich und räumlich nicht fassbar, obwohl räumlich gebunden: der Geist ist zirkum-skriptive gegenwärtig. Er transzendiert auch relativ bzw. relational die Zeit: er ist unzeitlich.
  - Quantentheorie: sie ist holistisch und relativ unendlich. Multiplikative „unendliche" Produktzustände werden im Prozess der Quantisierungen generiert, indem Funktionen und Operatoren über die Parameter und Obversablen gebildet werden usw. Die Quantentheorie kann auch als Informationstheorie gelesen werden: die Änderung eines QuBits bewirkt eine Änderung des korrelierenden Bits, somit kann die zirkumskriptive Gegenwart des Geistes quantentheoretisch durch das Verhältnis von informierendem QuBit und informiertem Bit gedeutet werden.
- Der Geist *probiert* verschiedene Möglichkeiten „zu sein" parallel, simultan, raum- und zeitlos aus (Screening). Die damit verbundene *Selektion* durch den Geist ist real, insofern sie einen realen Niederschlag bzw. eine reale Materialisierung erzeugt.
  - Quantentheorie: hier wird die o. g. lineare Superposition von Zuständen, die parallel und simultan vorliegen, als Erklärungsmuster für das Screening und die selektierende Wirkung des Geistes heran gezogen.
- Der Geist ist *intentional*: er selektiert zwischen verschiedenen möglichen Ziel-Zuständen.
  - Quantentheorie: das Bit ist das selektierte Resultat des „klassisch-Werdens" eines Quantenbits. Durch die Selektion wird die Fülle der möglichen Information des Quantenbits vernichtet. Das Bit ist die Intention des QuBits.
- Die Operation des Geistes – die Wechselwirkungen zwischen assoziierten Gedanken als Repräsentanz von optionalen Zuständen – ist relativ *losgelöst vom Gehirn* und trotz aller Heteronomie primär *autonom*.
  - Quantentheorie: Isolation der Information vom materiellen Substrat ist möglich, ebenso die nicht-lokale und trans-temporale Erstreckung eines Quantensystems auf klassische und materialisierte Zustände.
- Der Geist ist eine *Ganzheit* sowohl hinsichtlich seiner ontologischen Konstitution als auch hinsichtlich der Dynamik seiner Wirkung. Diese Wirkung des Geistes scheint „unbewusst" vonstatten zu gehen bzw. seine Wirklichkeit „trans-kognitiv" und „trans-emotional" zu sein. Ein Grund für die „unauslotbaren Abgründe des Geistes" bzw. seine *Nicht-Verobjektivierbarkeit* liegt in der transzendenten, relativ differenten *Seinsebene* des Geistes: sobald sich diese transzendentale Seinsebene manifestiert, etwa indem ein Gedanke ausgesprochen und somit klassisch wird, erfolgt die Reduktion des Gedankens und somit ein Verlust an möglicher Information.

- Quantentheorie: ein Bit enthält nur einen marginalen Teil der Fülle eines QuBit, das es nicht total zu repräsentieren vermag, was die Differenz zwischen den zwei Seinsebenen und somit das Selbsterleben des Menschen erklärt, der nie „ganz" er selbst sein kann.

• Der Geist verändert seinen Zustand *umfassend* und „auf einmal": er ist in der permanenten Veränderung seiner distinkten und voneinander klar unterschiedenen Zustände präsent bzw. im Prozess der assoziativen Überlagerung verschiedener Zustände überhaupt erst gegenwärtig und somit wirklich.

- Quantentheorie: ein Quantensprung meint die plötzliche Einnahme eines neuen Zustandes im Rahmen einer phasischen, diskontiunierlichen, weder stetigen noch metrischen Entwicklung des Quantensystems. In den Diskontinuitäten existiert das System der digitalisierten Quanten, was der Quantenmechanik auch ihren Namen verlieh. Zwischen zwei Quantenzuständen „gibt" es „nichts": diese primordiale Differenzierung bzw. Digitalisierung definiert die Einzigkeit der jeweiligen Zustände eines Quantensystems.

• In *einem* Gedanken ist das *gesamte* Denken als Tätigkeit des Geistes analog präsent. Durch diese Präsenz *erlebt sich der Geist selbst* – hierbei wird das antike Modell der Spiegelung, Projektion und (Selbst-)Reflexion vorausgesetzt: dadurch, dass sich etwas selbst spiegelt, kann es sich vermittelt dieser Differenz zu sich (also im differenten Spiegel als Bild) erkennen.

- Quantentheorie: ein überabzählbar unendlicher Zustandsraum kann durch einen Teilraum im strengen Sinn vollständig repräsentiert bzw. abgebildet werden, so dass eine lückenlose Projektion des Gesamtsystems auf ein Teilsystem möglich wird. Die Differenz wird also intrinsisch erzeugt.

• Ein Gedanke ist nicht konkret, nicht „klonbar", sondern nur *analog mitteilbar* und in Begriffen aussagbar (ein „Begriff" ist das begrenzte Ergebnis eines „Begreifens"). Durch das Mitteilen des Gedankens wird dieser selbst verändert.

- Quantentheorie: das sog. „non cloning" Theorem besagt, dass eine Quanteninformation (ein QuBit) nicht kopiert oder geklont werden kann wie eine klassische Information (ein Bit). Ein QuBit verändert sich durch seine Wechselwirkung und Verschränkung mit anderen QuBits, so dass der ursprüngliche Content des QuBits durch seine Transformation oder auch nur Teleportation verloren geht. Ebenso wird durch eine Messung der Zustand des Quantensystems verändert.

• Der Geist operiert *nicht* zeitlich und *nicht* räumlich bzw. relativ zeitlich und relativ räumlich.

- Quantentheorie: ein Quantensystem von verschränkten Teilchen ist weder zeitlich noch räumlich: das meint die o. g. Nicht-Lokalität der Quantentheorie. Ein Quantensystem wird durch komplexe Zahlen (sie enthalten jeweils einen festen Betrag und eine variable Phase) beschrieben: somit ist eine Änderung der Phase möglich ohne Änderung des zugrunde liegenden Betrages, womit eine aktpotentielle bzw. „imaginäre" Veränderung und ein Prozess beschrieben werden, die sich jenseits des klassischen Raumes und der klassischen Zeit vollziehen[17].

- Der Geist ist *realer* als die materielle Wirklichkeit, insofern Realität als der metaphorische „Ort" bzw. der „Sitz" menschlicher Existenz (der „Ort" des Selbsterlebens bzw. der Selbst-Gegenwart) bestimmt werden kann. Dieses „eigentlich" Wirkliche, also der Geist, besitzt auch die *Macht* zur Selbstordnung, zur Disposition des Körpers und zur Durchformung des Gehirns sowie zur schöpferischen Selbstgestaltung. So bin „ich" es, der vom Stuhl aufsteht und in die Küche geht und nicht „mein Gehirn" noch meine Muskulatur noch irgendwelche ansonsten unkoordinierte biophysikalische Effekte. „Ich" bin der „Herr meiner (Verhaltens-)Akte" und der Grund meiner initialen Eigenaktivität (Martin Heisenberg).

  - Quantentheorie: Realismus der Quantentheorie. Wird sie als Informationstheorie gelesen, so ist am Ursprung aller Wirklichkeit die Form. Dafür spricht die reale und effektive Übertragung von Information, d. h. genauer: von QuBits, die nicht-lokal übertragen und transformiert werden – im Gegensatz zu klassischen Bits. Nach Carl Friedrich von Weizsäcker liegt am Ursprung der Realität ein Geflecht von Uralternativen bzw. sog. „Ur-en" („Nullte Quantisierung")[18]. Energie und Materie sind in diesem Verständnis „kondensierte Information", was der realontologische Grund des Formalismus der Quantenphysik sein kann.

- Der Geist scheint einer *anderen Wirklichkeitsschicht* anzugehören als die materielle Wirklichkeit. Das spricht für eine Unterscheidung zwischen einer geis-

---

[17] Das Interface zwischen der Seinsebene der Quantentheorie und der klassischen Physik wäre Gegenstand einer *Theorie des Raumes und der Zeit*. In ihr sollte das o. g. Messproblem bzw. die unzureichende Beschreibung der Konkret-Werdung als Dekohärenz bzw. als Verlust der holistischen Kohärenz hinreichend vollständig gelöst werden. Walter Strunz, Gernot Alber, Fritz Haake: Dekohärenz in offenen Quantensystemen. Von den Grundlagen der Quantenmechanik zur Quantentechnologie. In: Physik Journal 1 (2002) Nr. 11, S. 47–52.

Eine Theorie des Raumes – jenseits der M-Theorie u. a. – wird den Raum in verschiedene „vertikale" Informations-Schichten und Wirkungs-Ebenen einteilen und ihre Wechselwirkung untereinander so beschreiben, dass die Differenz zwischen ihnen ebenso gewahrt bleibt wie ihre Einheit. D. h. die Theorie des Raumes wird eine Theorie der Analogie der Raumebenen beinhalten. Inwiefern die Grenzschicht fraktal und nicht linear ist, bleibt ein Desiderat künftiger Forschung.

[18] Gemeint ist die „nullte Quantelung" bei Carl Friedrich von Weizsäcker: Der Aufbau der Physik. München 4. Aufl. 2002 (DT-Taschenbuch).

tigen und materiellen Wirklichkeit, wenn das auch nicht im strikten Sinne von René Descartes und seiner Unterscheidung zwischen „res cogitans" und „res extensa" geschieht.[19]

- Quantentheorie: sie beschreibt eine nicht-lokale und nur bedingt zeitliche Wirklichkeit, insofern weder die thermodynamische Irreversibilität noch die Kausalität hinreichend durch die Nicht-Kommutierbarkeit der Quantentheorie erfasst werden. Ohne die Unterscheidung in Anlehnung an Stephen Hawking zwischen einer „imaginären" und „klassischen" Wirklichkeit gäbe es keinen verbleibenden Erklärungsbedarf, warum die Wirklichkeit klassisch und nicht quantenphysikalisch ist.

1.2   Parallelen zwischen dem Geist und der Theorie nichtlinearer komplexer Systeme

Trotz genannter Parallelen zwischen Eigenschaften des Geistes und der Quantentheorie, trotz der erforderlichen quantentheoretischen Erklärung bestimmter Eigenschaften des Gehirns, die somit analoge Schattenwürfe des Geistes sein können, greift eine quantentheoretische Erklärung zu kurz. Der Geist selektiert *nicht zufällig* gemäß einer Quantenstatistik; er repräsentiert und verarbeitet nicht nur Information in Form von V-Bits, sondern wesentlich *komplexere und integrative* „Meta-Informationen" der „Meta-Information" der „Meta-Information"...; der Geist ist *kreativ und adaptiv*, flexibel und dennoch nicht-geistig durch Veranlagung disponiert, er ist variabel und dennoch konstant.

Der Geist kann auch als *Netzwerk* gesehen werden, und das nicht nur i. S. einer klassischen Netzwerk-Theorie, um in Konkurrenz zur KI-Forschung Kohonen-Netze und Hopfield-Netze miteinander zu Elman-Netze zu kombinieren[20].

---

[19] Interessant aus quantentheoretischer Perspektive ist die Wortwahl von Descartes: dem Geist ordnet er „kognitive" Gegenstände bzw. visuelle Perzepte („res") zu, womit der Aspekt der Erkennbarkeit emphatisch betont wird. Und der klassischen Physik ordnet er die Ausdehnung („extensa") zu, was implizit ein klassisches Verständnis von Raum voraussetzt. Inwiefern es nicht bessere quantentheoretisch basierte Unterscheidungen und Etiketten gibt, sei dem Leser überlassen. René Descartes: Meditationen. Mit sämtlichen Einwänden und Erwiderungen, Hamburg 2009 (Meiner).

[20] Ein Propagator der Netzwerk-Theorie, u. a. zwecks semi-klassischer (!) Beschreibung der Quantentheorie, ist Carl Petri, der Freund von Kondrad Zuse, dem Erfinder des Computers (den Vorläufer Z1 hat er bereits 1936 zuhause gebaut). Semi-klassisch: es werden instantane, zeitlose, holistische Wechselwirkungen antizipiert. Ein Screening zwischen *virtuellen* (super-ponierten) Optionen, d. h. eine netzwerkartige Wechselwirkung im *virtuellen* Quantenbereich, wird jedoch nicht berücksichtigt.

Vielmehr kann die nun folgende *Systemtheorie* auch die *parallele Netzwerk-Kausalität* und die netzwerkartigen Wechselwirkungen *innerhalb* der Realitäts-schicht der Quantenebene beschreiben: der Geist wäre ein Netzwerk, das in der imaginären Realität den zur Struktur „geronnenen" bzw. kondensierten „Anteil" des dynamischen komplexen Quantensystems widerspiegelt. Dieses *Quanten-netzwerk* würde klassische Realisierungsoptionen simultan und parallel screenen (Superposition) bzw. sie miteinander interagieren lassen, um zwischen ihnen sys-temisch zu selektieren.

Als Ausdruck der *systemischen* Selektion würden auch nicht-lineare Effekte in der leider derzeit (2014) noch ausstehenden Quantentheorie komplexer Systeme Einzug halten, indem die *Interaktion* zwischen superponierten Zuständen bzw. Konfigurationen sowie zwischen deren Meta-Repräsentanzen, Projektionen und Kodierungen als gegenseitige Verstärkung resp. Aktivierung oder als Abschwä-chung resp. Inaktivierung beschrieben wird – unter der Prämisse, dass jeder akt-potentielle Zustand i. S. des darwinschen Evolutionsparadigmas um seine Akti-vierung mit konkurrierenden Zuständen wetteifert (Kompetition verschiedener Zustände und ihre nicht lineare Selektion).

1.2.1 Das Gehirn als System

Die Perspektive auf das Gehirn als System kann etwas anschaulicher als eine Deu-tung „von der Form zur Materie" verstanden werden, insofern die *Morphologie und Architektur* als Basis der elektrochemischen Wechselwirkungen im Vorder-grund stehen. Die *formale* Struktur fungiert als Basis der *energetischen* Dynamik des Gehirns und umgekehrt: Wechselwirkungen in Form von Aktivierungen von Neuronen und Gliazellen beeinflussen die adaptive und kreative Ausprägung und Ausgestaltung der Morphologie.

Das Gehirn bildet das komplexeste Geflecht von dynamischen Wechselwirkun-gen und Strukturen, das der Menschheit bekannt ist. Ca. 100 Mrd. Neuronen der Großhirnrinde sowie ca. 400 Mrd. Neuronen des Kleinhirns dokumentieren diese Komplexität, wobei jedes Neuron einige Hundert bis zu Zehntausende Verbin-dungen (Dendriten) zu anderen Neuronen hat und Gliazellen eine ko-regulierende Funktion ausüben – u. a. bezogen auf das biochemische Bewertungssystem.

Siehe Konrad Zuse: Rechnender Raum. Braunschweig 1969 (Vieweg); Konrad Zuse: An-wendungen von Petri Netzen, Braunschweig 1982 (Vieweg); Gerard 't Hooft: Determinism beneath quantum mechanics. In: Avshalom Elitzur u. a. (Hgg.): Quo vadis quantum mecha-nics? Berlin 2005 (Springer).

Eine systemische Betrachtung des Gehirns fragt nach Neuronen, die zu inter-agierenden *Ensembles* zusammen geschlossen sind. Dabei variieren die Gruppen; sie sind nicht fest vorgegeben: dasselbe Neuron kann zu verschiedenen Gruppen gehören. Ensembles sind relativ geschlossen und vernetzen sich als Gruppen mit-einander: auf der Ebene neuronaler Gruppen kommt es zu bidirektionalen und rekurrenten *Wechselwirkungen* (Re-Entry) ebenso wie innerhalb einer Gruppe. *Komplexität* kann mit Gerald Edelman quantitativ definiert werden als *Integration* – gemeint ist die statistische Abhängigkeit der Aktivität von Neuronen untereinan-der – und *Spezifizität*. Ein Kristall etwa wäre zwar integriert, aber nicht spezifisch; ein Gas wäre nicht integriert.

Die Aktivierung der Neuronen der Großhirnrinde erfolgt nicht zufällig, sondern *parallel und simultan*: Neuronengruppen, die synchron feuern, gehören zum sel-ben Perzept. Im synchronen Feuern manifestiert sich also ein Aktivitätsmuster, das bizarr und abstrakt aussieht: man erkennt keine konkrete Form, sondern eher die Visualisierung eines *Fraktals*. Strukturelle und dynamische Variabilität bedingen sich *gegenseitig*: Neuronen, die zusammen aktiv sind, verbinden sich bevorzugt miteinander – sofern durch das biochemische Bewertungssystem diese Verbindung bestätigt und anvisiert wird.

Die *fraktale, abstrakte Sprache des Gehirns* vermag jeden sensorischen Input (und motorischen Output) zu kodieren und intern zu repräsentieren. Neuronale Gruppenaktivitäten an verschiedenen Orten des Großhirns lösen – nach einer tem-porären Transferblockade, während dessen „gar nichts" geschieht bzw. die Akti-vierungsenergie irgendwie zwischen gespeichert wird – nachgeschaltete Gruppen-aktivitäten aus. Sie verlöschen rasch, da Synchronisation und Desynchronisation kurze Ereignisse darstellen (ca. 30 ms). Nach geschätzten 23 bis 27 nachgeschalte-ten Repräsentationshierarchien erfolgen manchmal die letzten Gruppenaktivitäten im präfrontalen Neokortex, dem Sitz des Bewusstseins. Die *zeitlich* sequentielle und *lokal* parallele Informationskodierung kommt dann an ein Ende. Das System Gehirn sorgt für eine instantane Ausprägung von Aktivitätsmustern, die durch ihre räumliche Struktur sowie zeitliche Aktivität in der Lage sind, externe Formen zu repräsentieren bzw. interne Verhaltensanweisungen in ein externes Verhalten des Körpers zu übersetzen.

Ein System existiert kraft der permanenten *Ordnung* von Wechselwirkungen. Im Rahmen der „Theorie der neuronalen Gruppenselektion" (TNGS) *konkurrie-ren* Neuronen – und Gliazellen – um ihre Aktivierung. *Kompetition und Kohä-renz* bilden die entscheidenden Selektionskriterien. Eine erfolgreiche Aktivierung hängt u. a. von der neuronalen Architektur ab, d. h. welche Neuronen miteinander rekursiv gekoppelt sind. Die strukturale und dynamische Ordnung der elektro-chemischen Interaktionen manifestiert sich in den assoziativen und konstruktiven

Eigenschaften des Re-Entry: die Verbindung verschiedener Neuronengruppen ermöglicht Assoziation und kreative Konstruktion.

Eine systemische Deutung des Gehirns registriert auch die *Nicht-Zufälligkeit* der neuronalen Aktivitäten sowie der in ihnen sich manifestierenden Aktivitätsmuster. Sie kann als Ausdruck einer *sinnvollen* Selbstorganisation, dynamischen Selbstordnung und Autopoiese gewertet werden. Sie kommt durch nicht lineare Effekte auf unterschiedlichen Skalen des Gehirns zustande, so dass neue, innovative Aktivierungsmuster emergieren können. Das impliziert den lebenslangen Lernprozess und verleiht somit der Geschichte der *Biografie* einen biophysikalischen Sinn.

Aktivitätsmuster werden also nicht zufällig selektiert, insofern das Gehirn etwa bei der visuellen Wahrnehmung fast immer „irrtumsfrei" den visuellen Input zu repräsentieren und zu dekodieren vermag. Einerseits ist die fraktale *Morphologie* des Gehirns vererbt; andererseits unterliegt sie der Entwicklungs- und Erfahrungsselektion. Den entscheidenden Unterschied des menschlichen Gehirns vom Gehirn seiner Vorfahren sowie von größeren (etwa Wale, Delphine, Elefanten) oder stärker gewundenen (einige Vögelarten) Gehirnen liegt unter Voraussetzung einer ähnlichen Kompaktheit des Gehirns in der Morphologie und der mit ihr konjugierten Aktivitätsmustern. Auch etwa die Ausbildung der *Sprache* als einer der entscheidenden Fähigkeiten von „Homo Sapiens Sapiens" ist das Resultat einer hoch angepassten Architektur des Gehirns.

1.2.2   Typische Systemeffekte

Typische Systemeffekte sollen das Verständnis des Gehirns als System erleichtern: die abstrakte Darstellung eines Systems durch den Prozessverlauf im (klassischen und nicht quantisierten) Phasenraum ergibt ein sog. *Fraktal*, also ein Gebilde mit einer gebrochenen mathematischen Dimension[21]. Das Fraktal ist in der Tat ein „seltsamer" *Attraktor* des Systems: er gibt an, in welchen Zustand sich das System entwickelt. Das Interessante an einem Fraktal ist etwa, dass es keine fixe Grenze gibt: möchte man durch Heran-Zoomen einer Grenze etwa zwischen schwarzer und weißer Fläche eben diese klar und deutlich fixieren, wiederholt sich das ursprüngliche fraktale Gebilde beinahe zu 100 % identisch.

Diese Wiederholungsprozedur ist *unendlich*, ähnlich einem Spiegelbild in einem Doppelspiegel. Diese Unendlichkeit, welche die Repetition und Iteration derselben Systemprozedur abbildet, kann als *prinzipielle* – und nicht nur unserem Nicht-Wissen zuschreibbare – Unbestimmtheit betrachtet werden. Ähnlich einem

---

[21] Benoit Mandelbrot: Die fraktale Geometrie der Natur, Basel u. a. 1991 (Birkhäuser).

Bifurkationspunkt, an dem nicht zwischen alternativen Entwicklungsmöglichkeiten des Systems vorentschieden ist, bleibt diese Unentschiedenheit und somit Unbestimmtheit bestehen.

Das Fraktal definiert eine *Systemklasse*: ein und dasselbe System vermag also auf unterschiedlichen materiellen Substraten und unterschiedlichen Raum-und Zeitskalen sich zu verwirklichen. So sind der Verkehrsstau und der Stau von Ribosomen in der biologischen Zelle Ausdruck derselben Systemklasse (*Universalität, Skaleninvarianz*). Somit kann aus dieser Sicht dasselbe „Geist-System" auf unterschiedlichen materiellen Substraten unterschiedlich schnell realisiert werden.

Das kann durchaus als Chance der Künstlichen Intelligenz verstanden werden, die sich nicht so sehr der Imitation des vorgegeben Substrats widmen sollte, sondern der Bestimmung des *Systems* und der *Regeln* der Wechselwirkungen, um es auf einem „passenden" Substrat zu implementieren.

Aufgrund der Unbestimmtheit des Systemverlaufs durch das Passieren von *Bifurkationspunkten* ist seine Unumkehrbarkeit, *Irreversibilität* ebenso definiert wie seine Zeitlichkeit und kausale Struktur. Ein komplexes, offenes, „dissipatives"[22] nicht lineares System ist nicht zu verwechseln mit einem thermodynamischen System, das geschlossen und linear-simpel ist. Ein komplexes System ist *selbstbezüglich*, so dass die Systemelemente miteinander rekurrent vernetzt sind.

Sie produzieren *emergente* Zustände: das sind solche Ordnungsmuster, die auf einer kleineren Skala gar nicht definiert werden können. Aus der Sicht eines Wassermoleküls kann keine Welle sinnvoll definiert werden. Emergente Zustände sind relativ unableitbar aus einer niedrigeren Systemschicht von Wechselwirkungen. Sie definieren eine eigene *neue* Wechselwirkungsklasse. Mathematisch können „körnige" Systemelemente, etwa Autos im Straßenverkehr, auf einer höheren Skala als Kontinuität – und der Stau als Diskontinuität – modelliert werden.

Schließlich unterliegen komplexe Systeme *keiner thermodynamischen* Statistik, also weder dem zentralen Grenzwertsatz noch dem Gesetz der großen Zahl. Die sinnvolle und System-gerechte Musterbildung in komplexen Systemen ist manchmal Resultat *autokatalytischer*, d. h. sich selbst verstärkender Effekte – und nicht das Ergebnis des Verhaltens möglichst zahlreicher Ensembles.

Eine wichtige Parallele der Systemtheorie zur Quantentheorie – womit die Systemtheorie aufgrund der umfassenderen Beschreibung komplexer Systeme zur Meta-Theorie gegenüber der Quantentheorie avanciert – sind *instantane* und *nicht lokale* Effekte: so ordnen sich etwa magnetische Dipole im Ferromagneten nach

---

[22] Ilya Prigogine: Die Gesetze des Chaos. Frankfurt a. M 1995 (Campus). Er versuchte als einer der ersten, die Quantentheorie als nichtlineare dissipative Struktur im Rahmen einer Systemtheorie zu deuten, leider mit beschränktem Erfolg: Dissipation und Dekohärenz sind unterschiedliche Prozesse.

Anlegen eines externen Magnetfeldes alle sofort (!) in dieselbe Richtung an. Der Prozess der emergenten Ordnung vollzieht sich auf einer größeren Skala instantan, parallel und simultan. Er geht *schneller* als mit Lichtgeschwindigkeit – was vor wenigen Jahren erst experimentell gemessen wurde. Die Gleichzeitigkeit und Synergie der Ausrichtung der Dipole sind klassisch nicht zu erklären. Es treten überlichtschnelle Effekte in Analogie zur Verschränkung auf.

Ebenso bewegen sich Protonen durch die Säure nicht schnell genug, um den durch sie transportierten Strom zu vermitteln – es wird also die Information über die Energie *jenseits* von Raum und Zeit übertragen. Eine emergente Ordnung bzw. holokohärentes (verschränktes!) Verhalten manifestiert sich also quasi holistisch und „auf einmal". Hier kommt die erhöhte Genauigkeit der Quantenphysik der Systemtheorie zu Hilfe.

Auch der Quanteneffekt der instantanen *Superposition* verschiedener Zustände kehrt auf meso- und makroskopischer Ebene wieder, und zwar im Kontext des Screenings verschiedener Möglichkeiten, um unter ihnen eine sinnvolle Entscheidung fällen zu können: ein mesoskopisches komplexes System ist zur *nicht* zufälligen Selektion unter zugleich vorliegenden Möglichkeiten fähig. Das Add-On der Systemtheorie wäre hier eine nicht lineare Superposition von parallel gegebenen aktpotentiellen Zuständen.

1.2.3   Systemischer Geist

Die Systemtheorie schlägt – ähnlich wie die Quantentheorie – die Brücke zwischen dem System Gehirn und dem System Geist.

- Das Denken ist *nicht zufällig und nicht linear*. Aus Gedanken bzw. repräsentierten Inhalten emergieren via multiplikativer Assoziation neue Gedanken. Der neue Gedanke kann „tiefer" reichen, weil er komplexer ist bzw. zur Dekodierung komplexerer integrierter Information taugt[23].
  - Systemtheorie: ein neuer Ordnungsparameter emergiert als nicht lineares Resultat eines systemischen Ordnungsprozesses der Systemelemente. Ein System ist ein Netz, das zwar logische Gatter darstellen kann, jedoch auf der basalen Ebene keine logischen Gatter enthält, sondern einer eigenen System-Logik als Erweiterung einer Quanten-Logik folgt.

---

[23] Zum Begriff der integrierten Information lese man Guilio Tononi: Complexity and cherency: integrated information in the brain. In: Trends in cognitive sciences Bd. 2 (1998) Nr. 12, S. 474–484. Siehe den damit verwandten Begriff der System-Ordner-Information bei Koncsik, Imre: Ist das Universum ein Programm? Naturphilosophische Überlegungen, in: Glaube und Denken (Jahrbuch der Karl-Heim-Gesellschaft) 26. Jhg. (2013), S. 131–150.

- Der Akt des Geistes vollzieht sich als *assoziativer Vergleich* und parallele Verarbeitung komplexer Information – und nicht als Rechnen oder als sukzessive Abarbeitung logischer Operationen. Das Denken vollzieht sich auf einer emergenten nicht klassisch lokalisierbaren Ebene. Es ist nicht „klassisch konkretisiert" und nicht in „Sub-Systeme" resp. Gedanken zerlegt und differenziert: könnte es vollständig zerlegt werden, würde der Geist aufhören zu existieren. Das Denken des Geistes ist trans-logisch, d. h. intuitiv-holistisch[24], indem es kreativ immer neue Subsysteme *konstruiert* und adaptiv *rekonstruiert*.
  - Systemtheorie: sobald eine emergente Systemebene persistiert, dirigiert und disponiert sie alle Sub-System-Ebenen. Assoziation vollzieht sich auf immer höheren Interaktionsebenen. Es kommt zur Bildung von formalen Verhältnis-Entsprechungen und Resonanzen (Assoziation) als Ausdruck intrinsischer, durch das System induzierter Synergien.
- Der Geist *produziert* neue Formen, Gedanken, Muster, indem er – formal und bildlich gesprochen – sich *auf sich selbst* bezieht (Reflexion, Spiegelung) und zu sich selbst zurück kehrt.
  - Systemtheorie: autokatalytische Effekte bilden iterative und selbstreflexive Strukturen ab, so dass eine formale Übereinstimmung zwischen der Wirklichkeit des Geistes und eines Systems auch hier postuliert werden darf. Die autokatalytischen Effekte sind eingeschränkt teleonom und zielgerichtet, insofern der Katalysator passend zu einem Wechselwirkungspartner adaptiert wird, damit das „Ziel" der Selbstrekursivität realisiert werden kann. Gedanken sind ebenfalls in diesem Sinne zielgerichtet, insofern nicht jeder beliebige Gedanke aus jedem beliebigen Input assoziativ resultieren kann.
- Die mentale Selektion und in der geistigen Wirklichkeit zustande gebrachte und gefällte Entscheidung setzt – in Analogie zur Quantentheorie – die *simultane Präsenz* von alternativen und zugleich gewichteten (!) Möglichkeiten voraus. Daraus resultiert ihre „gewichtete" Kompetition[25]; aus einer selektierten Möglichkeit „emergiert" das konkrete Resultat (konkret ist lat. „con-crescere": „zusammen wachsen" aus Möglichkeiten).

---

[24] Intuition meint im *nicht* vulgären (oder anthroposophischen) Sinne das instantane und holistische Wiedererkennen einer ganzen Melodie – anstatt die einzelnen Töne vollständig durch Berechnung hören und sie mit einer Datenbank vergleichen zu müssen. Die Intuition ereignet sich, indem die in der Zuordnung bzw. in den Relationen der Töne untereinander kodierte Melodie *systemisch* integriert und rekonstruiert wird.

[25] Martin Heisenberg spricht im Kontext einer behaviouristischen Theorie von einer „Lotterie" unterschiedlich gewichteter Verhaltensmodule. Martin Heisenberg: Das Gehirn des Menschen aus biologischer Sicht. In: Gerald Edelman; Heinrich Meier (Hgg.): Der Mensch und sein Gehirn. Die Folgen der Evolution. München u. a. 1998 (Piper), S. 157–186.

- Systemtheorie: Selektion erfolgt immateriell zwischen den Möglichkeiten optionaler Systemkonfigurationen, die eine komplexe systemisch integrierte Information kodieren. Das imaginäre System drückt sich dann ohne Zeitverlust (die Selektion kostet keine Zeit) holistisch in der Raumzeit aus, das wie ein „Screen" oder „Raster" das System materialisiert. Alle Systemelemente werden instantan „informiert", so dass der materielle Träger entsprechend geordnet und zur Wechselwirkung mit anderen Systemelementen disponiert wird.

- Ein Gedanke kann als *subsistierende Relation* verstanden werden: isolierte Gedanken sind undenkbar. Sie subsistieren kraft ihrer Inter-Relation bzw. „als" Interaktion. Stets ist der Kontext als transzendentaler Horizont präsent.
  - Systemtheorie: ein System wird primär in den dynamischen Relationen, Interaktionen und Wechselwirkungen kodiert. Die Wirklichkeit des Systems ist dynamisch im geordneten und sich ordnenden Wechselwirkungsprozess gegenwärtig.

- Der Geist übt einen *Selektionsdruck* aus, indem er Selektionskriterien und sog. „Prinzipien" unterliegt, die er selbst aufgrund der Bewertung von Ereignissen konstruiert hat. Diese Selektionskriterien und Bewertungsmaßstäbe („Werte") sind primär unbewusst als Rahmen der Selbstgestaltung und Autopoiese des Geistes präsent.
  - Systemtheorie: die Selektionskriterien zwischen optionalen Systemzuständen sind universale Prinzipien: Minimierung der Energie und damit der Wirkung (Energie*Zeit: durch Verkürzung der Zeit wird die Energie maximiert und das un-zeitliche System gegenwärtiger); Maximierung der Information (Minimierung der Entropie) durch Zunahme systemischer Komplexität; Kompetition der Systemelemente um ihre Aktivierung und damit Realisierung; formal gesprochen ein bedingungsloses Streben nach Einheit in und über aller Verschiedenheit, etwa durch den Ausgleich bzw. konstruktive Integration von Differenzen, indem dynamische Fließgleichgewichte verwirklicht werden. Dadurch werden Systemelemente immer komplexer geordnet, indem spontan neue umfassende und fundierende System-Zustände eingenommen werden. Selektion erfolgt energetisch, formal und strukturell durch die Selektion passender Substrate.

- Steigerung der *Autonomie und Selbstbestimmung* des Geistes durch Selektion und Entscheidung bzw. „Selbst-Wahl". Die Wurzel der *Freiheit* ist das durch und aus sich selbst Sein. Deren Ausdruck ist die Wahlfreiheit zwischen gewichteten Alternativen. In der Selbst-Wahl manifestieren sich Spontaneität und Kreativität des Geistes.
  - Systemtheorie: die treibende Kraft der System-Ordnung und Selbstorganisation sind die Autopoesis bzw. autonome Selbstordnung, d. h. Selbstge-

staltung und Kreativität i. S. der nicht wiederholbaren Einmaligkeit einer kontext-bezogenen kasuistischen Adaptation. Die Selbstbezüglichkeit autopoetischer komplexer Systeme bildet ihre Selbstbestimmung ab.

- Der Geist *evolviert* durch Erkenntnisgewinn sowie durch immer komplexere Selbstbestimmung
  - Systemtheorie: Systeme evolvieren nicht linear durch Emergenz, so dass die Komplexität gesteigert wird
- „Maximal zu sein" macht – in ontologischer Terminologie – *glücklich*: der *Sinn des Seins* scheint *Liebe und Erkenntnis* zu sein. Liebe bedeutet formal Pro-Existenz, Ganzhingabe, erfolgreiche Verwirklichung von Gemeinschaft. Erkenntnis kann formal als schöpferische Konstruktion und Re-Konstruktion erkannter Systeme interpretiert werden. Sowohl Liebe als auch Erkenntnis können formal als *Vereinigung* mit dem Geliebten bzw. Erkannten, d. h. als Bildung von immer neuen Einheiten in Verschiedenheit, verstanden werden.[26] (vgl. im Hebräischen: „erkennen"=„geschlechtliche Vereinigung").
  - Systemtheorie: ein System konstituiert sich durch Abgrenzung bzw. Differenz-Bildung anderen Systemen gegenüber, um vermittelt durch diese Differenz mit ihnen zu interagieren. Systeme sind einerseits autonom – adaptiv und kreativ –, andererseits heteronom durch die Ko-Konstitution der Autopoese durch andere differente Systeme.
- Für eine *technologische* Umsetzung relevant – insofern *Grundmuster* heraus gearbeitet und formalisiert werden – realisiert der Geist primordiale Grundmuster, allen voran eine *Einheit „in und über" der Identität und Differenz*. Dieses primordiale Grundmuster wiederum *differenziert* sich und bildet ein formales Grundmuster des Geistes – ähnlich einer fraktalen Struktur –, um sich schließlich in den neuronalen Aktivitätsmustern niederzuschlagen: sie können als *primäre* Wirkung des Geistes interpretiert werden! Die Sprache des Geistes wäre die Sprache der neuronalen Aktivitätsmuster, welche die *komplexe* systemisch integrierte Information *kodieren*. So wäre der Geist einerseits durch eine gewisse Isomorphie charakterisiert, die andererseits jedoch die Basis für eine permanente *Variabilität* abgibt, die umgekehrt auf die Isomorphie in gewissen Grenzen zurück wirkt. Vielleicht lässt sich das Grundmuster des menschlichen Geistes analogisieren und dadurch generalisieren, indem in ihm Grundmuster der *gesamten* Wirklichkeit manifest werden. Das würde etwa die *Effektivität mathematischer* Beschreibung erklären, insofern Mathematik als Formalisie-

---

[26] Bereits in der hebräischen Antike wurde die geschlechtliche Vereinigung mit demselben Wort belegt wie „erkennen": „… und sie erkannte ihn nicht" bedeutet: „… sie hatten keinen Geschlechtsverkehr."

rung und Quantifizierung isomorpher Muster gedeutet werden kann – ähnlich der Musik übrigens.

- Systemtheorie: ein System kann naturphilosophisch als Einheit „in und über" der Identität und Differenz betrachtet werden. Sie differenziert sich immer weiter – die Differenz wird methodisch ausgedrückt durch Digitalisierung, Quantisierung bzw. Mathematisierung[27]: Zahlen markieren Differenzen, so dass „zwischen" Zahlen bezogen auf die jeweilige Zahlenmenge „nichts" bzw. eine Lücke bleibt als Ausdruck der Differenz. Die Einheit ist nicht statisch, sondern differenziert sich: sie setzt immer neue Differenzen zu sich selbst. Somit wird eine immer neue Einheit kraft der ursprünglichen Einheit dynamisch im Prozess der Differenzierung realisiert. Durch Differenzierung – und dem Pendant der Identifizierung – verwirklicht und bestimmt das System kreativ und unableitbar sich selbst. Das System selbst wird also im „Tun" resp. im „Akt" der Differenzierung „wirklich" – wie der Geist im „Akt" des Denkens und Selbst-Bestimmens wirklich, weil wirkend ist.

• Der Geist *steuert, ordnet, aktiviert bzw. inaktiviert* den gesamten Körper auf verschiedenen Ebenen und Skalen. Er hält den Körper „im Innersten zusammen". Der Geist ist für die Ordnung und Organisation, *Zusammenbindung und Formung* der materiellen Substrate zuständig, die wiederum den Raum, den die Materie einnimmt, prägen – und umgekehrt: der Geist scheint vermittelt durch den Raum zu wirken[28].

- Systemtheorie: dasselbe System läuft auf verschiedenen Skalen ab (Skaleninvarianz), indem dasselbe System seine Sub-Systeme um- und unter-

---

[27] Das Geheimnis der Quantifizierbarkeit von Qualia setzt genau hier an: unterschiedliche (differente) „Differenzen" und „Identitäten" gerinnen zu Zahlen; ihr Verhältnis bzw. ihre Relation bildet komplexere Muster einer relativen Identität und Differenz, die ihren Niederschlag wiederum in Gleichungen und Ungleichungen finden. Diese Muster bilden eine Meta-Identität resp. Meta-Differenz, also eine „*Einheit*" „in und über" ihnen ab: die Einheit wird nicht vollständig durch Identifizierung und Differenzierung auf der basalen Ebene erfasst, sondern bleibt ihnen gegenüber different – so wie Qualia letztlich vom Quantum different bleiben, wenn sie auch auf sie *analog* bezogen sind.

[28] Ein für eine *Theorie des Raumes bzw. der Raum-Schichten* wichtiger Verdienst der allgemeinen Relativitätstheorie ist die gegenseitige Bedingtheit von Masse und Krümmung des Raumes bzw. der Gravitation als ihr Ausdruck. Eine Theorie des Raumes wird auch das Wirken des Geistes, seinen „ontologischen Ort" sowie die Konstitution und Beschaffenheit unserer Wirklichkeit entscheidend plausibilisieren. Der Raum kann als ein (fraktales) *vertikales Raster von horizontalen Raster-Schichten* verstanden werden, welche unterschiedliche Skalen sowie unterschiedliche Wirkungen vermitteln. Die Quantentheorie würde einer aktpotentiellen digitalisierten und superponierten Raster-Schicht angehören.

fasst resp. sie trägt. In der „vertikalen" Selbstähnlichkeit des Systems auf den verschiedenen System-Skalen und Hierarchien manifestiert sich seine Selbstbezüglichkeit sowie seine „analoge" Wirkung. Kraft der „vertikalen", durch alle Skalen hindurch realisierten Durchdringung aller Subsysteme hält das System die materiellen Substrate jeder relevanten Skala „im Innersten zusammen".[29]

---

[29] Dieses „vertikale", durch verschiedene System- und somit Wechselwirkungs-Schichten reichendes *sich selbst Durchdringen* des Systems – das ist ein „energetischer Akt" – ist ein weiteres wichtiges Indiz für die Überordnung der Systemtheorie gegenüber der Quantentheorie, die das „Zusammenhalten" *nicht* wirklich begründen kann, sondern es eher „nur" ermöglicht.

Physik: Anorganische Quantenstrukturen 2

Die offenkundigen Parallelen einerseits zwischen der Quantentheorie sowie komplexen Systemtheorie, mit welchen das *Gehirn* besser „verstanden" werden kann, und andererseits dem *Geist* bzw. den Prozessen und Mustern des Geistes, können nun vertieft werden. Die Quanten- und Systemtheorie fungieren als die entscheidende *Vermittlungsplattform* einer essentiellen Beschreibung des Gehirns sowie des Geistes als komplexes und mehrschichtiges Quantensystem. Aus einer „Theorie des Geistes" resultieren essentielle Wegweiser für eine künftige „intelligente" Technologie bzw. einer Technologie der „Intelligenz": sie wird systemisch ansetzen und vom System her das Substrat ko-regulieren.

2.1 Künstliche Erzeugung von Quantensystemen

Um Quantensysteme besser zu verstehen, wird in der quantenphysikalischen Grundlagenforschung (bes. Quantenoptik, Quantencomputing) versucht, künstlich möglichst *stabile* Quantensysteme zu erzeugen. Derzeit können < 10 QuBits miteinander verschränkt werden. Die *Verschränkung* repräsentiert einen *neuen* Zustand, der sich als Produkt der Unter-Zustände ergibt; diese wiederum „verschwinden" bzw. verlieren meist ihre Identität durch die Verschränkung der QuBits: denn Verschränkung ist gerade durch den *relationalen* (Produkt-)Bezug der Subsysteme ausgezeichnet, so dass durch die Relation zueinander die Identität und Persistenz des Subsystems definiert ist. Eine neue Relation, ausgedrückt durch einen komplexen Produktzustand (das Ganze ist *mehr* als die Summe der Teile; es ist das *Produkt* der Teile), verändert das Subsystem. Was bleibt, ist ein komplexer Pro-

© Springer Fachmedien Wiesbaden 2015
I. Koncsik, *Der Geist als komplexes Quantensystem,* essentials,
DOI 10.1007/978-3-658-07500-2_2

duktzustand der Subsysteme, die in der Sprache der Informationstheorie ein sog. „V-Bit" (Verschränkungs-Bit) mehr oder weniger vollständig kodieren.

In der belebten Natur scheint es solche Systeme auf erheblich *komplexeren* Ebenen zu geben: so lassen sich die Aktivitätsmuster einer biologischen Zelle, die durch hochpräzise Synergien via exakter zeitlicher Synchronisierung und räumlicher Koordination ausgezeichnet sind, als Wirken eines komplexen Systems beschreiben. Dieses System ist *holistisch*: der Holismus eines Systems kann in Analogie zur Verschränkung gesehen werden, insofern – trotz aller Unterschiede – auch Verschränkung einen holistischen Effekt bedeutet – das war der Grund, warum sich Einstein, Podolsky und Rosen gegen den nichtlokalen Realismus der Quantentheorie ausgesprochen haben.

Die künstliche *Präparation* von verschränkten Zuständen als Ausdruck stabilisierter Quantensysteme ist ein komplizierter Prozess, der etwa durch eine Bell-Zustandsmessung oder durch einen Strahlteiler o. a. Techniken mit einer gewissen Wahrscheinlichkeit erreicht wird. Seit den 90-er Jahren des 20. Jh. gehört er jedoch zum Standard-Repertoire der Quantenphysik. Für eine gelungene Präparation muss insbes. für eine maximale energetische (Kühlung des Systems) und/oder räumliche Isolation bzw. Entkoppelung des Quantensystems von seiner Umgebung Sorge getragen werden. Störende Einflüsse der Umgebung führen augenblicklich zur Dekohärenz und zur davon zu unterscheidenden Dissipation des Quantensystems.[1]

Insofern nun die Feststellung, ob ein verschränktes Quantensystem vorliegt oder nicht, wieder einen energetischen Eingriff bedeutet, ist entweder nur eine *Retrogenose* möglich („Ein verschränktes System muss vor der Messung vorgelegen haben") oder eine indirekte Quantenmessung bzw. mathematische, relativ wechelwirkungsfreie „Verschränkungszeugen".

Damit wird bereits die Konkretisierung bzw. das Faktum-Werden des Quantensystems impliziert: durch *Messung* bzw. noch fundamentaler durch eine prinzipiell mögliche Messung (sie muss also nicht vollzogen werden; es reicht aus, wenn etwa eine Messung des QuBits als Bit realisiert werden könnte) wird der Zustand des Quantensystems bestimmt, exakter: das Quantensystem bestimmt seinen Zustand immer wieder selbst und immer wieder neu, jedoch stets im Rahmen der Quantenstatistik. Die Messung bzw. die Messbarkeit fungieren als Anlass, damit aus dem *aktpotentiellen* Quantensystem ein *konkretes* Ereignis, eine definierte und bestimmte Einnahme eines Zustandes wird: damit ist der Zustand nach der Messung ein Akt der *Selbstbestimmung* des Quantensystems. Oder in der Sprache der Informationstheorie: aus dem QuBit resultiert bzw. entspringt „zufällig" ein Bit.

---

[1] Anton Zeilinger: The Quantum Centennial. In: Nature 408, S. 639, Dezember 2000.

2.2 Stabilisierung eines Quantensystems

Die technologische Herausforderung lautet nun: das Quantensystem muss trotz Präparation und Messung erhalten bleiben! Und mehr noch: es muss sich durch diese „vertikale" Interaktion verwirklichen!

D. h. trotz Präparation und Messung wird das Quantensystem nicht zerstört, sondern bleibt als *heteronom* agierender Wechselwirkungspartner erhalten. Eine Präparation sollte einen „Input" in das Quantensystem bedeuten, eine Art „Einlesen" von klassischer Information, um dadurch das Quantensystem intrinsisch zu verändern. Umgekehrt sollte die Messung das Quantensystem nicht zerstören, sondern als klassischer „Output" des Quantensystems fungieren. Sprich: das Quantensystem sollte persistent und stabil sein.

Der Ausdruck seiner *Persistenz* ist nun, dass es sich trotz aller heteronomen Verbundenheit mit klassischen Strukturen, an denen permanent Präparation („vertikaler" Input) und Messung („vertikaler" Output) stattfinden, *relativ autonom* selbst bestimmt: das System muss durch ein „durch sich selbst Sein", d. h. durch Subsistenz charakterisiert sein. Diese Selbstbestimmung sollte also auch *nicht* zufällig erfolgen, um eine „systemgerechte" und systemische Selektion unter möglichen klassischen Realisierungszuständen zu ermöglichen. Das System sollte seine Selbstbestimmung als sinnvolle, weil *systemische* Ordnung bzw. als dynamisches Ordnen umsetzen. Das System wäre verantwortlich für die „Formgebung" des klassischen Outputs, wie es umgekehrt durch die klassische Formgebung beeinflusst wäre.

Präparation und Messung sind beide durch *klassische* Strukturen vermittelt; das schlägt sich auch in der Theorie der Dekohärenz als Interpretation des Vorgangs der Messung nieder, insofern hier klassische Strukturen vorausgesetzt werden. So ist es beispielsweise schwer möglich, zwei Photonen direkt und unmittelbar miteinander zu verschränken. Zur Fortexistenz eines Quantensystems ist eine klassische Einbettung erforderlich. Umgekehrt sind für die Erklärung von dynamischen Aktivitäts- und Interkonnektivitätsmustern (dynamische Netzwerke) *komplexe* und vielschichtig verschränkte *Quantensysteme* erforderlich.

Als Beispiel für die Steigerung der Exaktheit der Erklärung klassischen Verhaltens durch die Quantentheorie möge etwa die o. g. klassisch „zu schnelle" Stromleitung in Säuren dienen: *Protonen* bewegen sich nicht schnell genug durch die *Säure*, um Strom zu erzeugen; vielmehr wird durch transtemporale und holistische Quantenstrukturen lediglich die *Information* (und nicht das materielle Substrat) über den Zustand der Protonen „instantan" und holistisch übertragen, so dass es zu überlichtschnellen Effekten kommen kann. Um diesen Effekt zu erklären, kann man gezielt vom komplexen Quantensystem her denken, das einer „anderen Raum-Schicht" zuzugehören scheint (Schichten-Modell des Raumes).

Mikroskopische Quantenstrukturen: Quantum Life

Schreitet man nun von physikalischen Quantensystemen fort, die noch nicht durch ein komplexes System dirigiert werden und daher zufällig erfolgen, zu der nächsten Raumzeit-Skala mikroskopischer Quanteneffekte, so findet man unter dem Stichwort „Quantum Life"[1] das Wirken bereits auf *natürliche* Weise stabilisierter – und sich durch „Präparation" und „Messung" immer wieder selbst stabilisierender und sich selbst bestimmender – Systeme vor.

Der Unterschied zu künstlich erzeugten Quantensystemen liegt also sowohl in der *Wirkungs-Skala* eines mikroskopischen Quantensystems (sie ist umfassender, nicht zufällig und strukturierter) als auch in dessen *Stabilität*. Für sie scheint die *dauerhafte klassische* Einbettung in eine bestimmte Form, d. h. die Anbindung an ein klassisches Muster (Bedeutung der Morphologie), essentiell zu sein. Sofern ein mikroskopisch strukturiertes und morphologisch bestimmtes Quantensystem „natürlich" vorliegt, bedarf es der künstlichen Anstrengungen zur Stabilisierung nicht mehr: es sind keine Kühlung, keine Isolierung, keine Bell-Zustandsmessung u. a. mehr erforderlich.

So liegt im Prozess der *Photosynthese*, also der Transformation solarer Energie, die durch Photonen als ihr Substrat transportiert wird, in eine biochemisch durch Pflanzen verwertbare Energie, bereits ein Quanteneffekt vor: das durch das Photon angeregte Molekül steht vor der Aufgabe, seinen Anregungszustand an ein zentrales Molekül weiter zu geben, um dessen Zustand energetisch zu transformieren. Nun gibt es eine Vielzahl möglicher Wege zum Ziel-Molekül: würde das

---

[1] Set Lloyd: Programming the Universe. A Quantum Computer Scientist Takes on the Cosmos, New York 2006 (Random House).

© Springer Fachmedien Wiesbaden 2015
I. Koncsik, *Der Geist als komplexes Quantensystem,* essentials,
DOI 10.1007/978-3-658-07500-2_3

ursprünglich angeregte Molekül nun durch klassisches Ausprobieren (Trial and Error – Szenario) die optionalen Wege testen, so würde das zu lange dauern und die Energie-Übertragung wäre nicht mehr zu 99 % effizient. Faktisch jedoch bleibt diese erstaunliche temporale und energetische *Effizienz* erhalten: der schnellste Weg wird automatisch ausgewählt. Somit liegt ein „*Screening*" von miteinander konkurrierenden Alterativen vor, das parallel, instantan und bezogen auf alle Wege holistisch erfolgt – ein klarer systemischer Quanteneffekt. Es erfolgt ein sinnvoller, weil im Dienst des Systemprozesses der Photosynthese stehender selektiver Prozess. Faktisch wird demnach erneut – wie in der Säure als Stromleiter – die Information über die Energie übertragen. Die übertragene Information dirigiert also das Photon – das Quantensystem reguliert demnach das Aktivitätsmuster. Transtemporale und holistische Quantenstrukturen sind prävalent![2]

Eine solche regulatorische Effektivität ist auch beim epigenetischen Prozess der *DNS-Transkription* beobachtbar: eine Zelle selektiert zielgerichtet beispielsweise zwischen fünf miteinander konkurrierenden Alternativen, ein Gen abzulesen, die *am besten* zum Systemprozess passende aus („best choice" in Anlehnung zu „delayed choice" Experimenten). Die Gene unterscheiden sich lediglich kontextuell hinsichtlich ihrer epigenetischen Transkriptions-Effizienz, der räumlichen Lokalisation und der zeitlichen Dauer der Proteinbiosynthese. Erneut „screent" die Zelle verschiedene Alternativen „imaginär", also *transtemporal und translokal*, um zwischen ihnen sinnvoll und systemisch zu selektieren. Dieses Screening erfolgt „just in time", also so, dass es durch synchrone Aktivität zu komplexen Synergien kommt. Diese wiederum repräsentieren fraktale und komplexe Muster von dynamischen Interaktionen – vielleicht sind das fraktale Muster des unsichtbaren und holistischen Informationsprinzips (das Aristoteles bekanntlich mit dem „bewegenden Prinzip", der Seele, gleich setzte), die sich fraktal im fraktalen Ablaufmuster abbilden, manifestieren und materialisieren. Abbildung bedeutet informationstheoretisch stets ein dekodierendes systemisches Informieren zwecks Ordnung biologischer Aktivität.

---

[2] Weitere Beispiele für Quantum Life wären etwa die Geruchswahrnehmung, bei der die Geruchsrezeptoren in der Lage sind, zwischen zwei isomorphen Geruchsmolekülen anhand ihres Gewichts zu unterscheiden: unterschiedlich schwere Moleküle durchtunneln den identischen Rezeptor unterschiedlich schnell und tief – es „entsteht" eine unterschiedliche Geruchswahrnehmung. Ein anderes Beispiel betrifft den „verborgenen Kompass" von Zugvögeln, welche das Erdmagnetfeld durch Quanteneffekte exakt „bestimmen" und „sehen" können. Derek Abbott (Hg.): Quantum aspects of life. London u. a. 2009 (Imperial College).

Mesoskopische Quantenstrukturen: das System Geist-Gehirn 4

Auf Basis der bisherigen Skizze des Gehirns als komplexes System, das sich auf unterschiedlichen temporalen und räumlichen Skalen manifestiert, können nun unter Voraussetzung einer stabilen Persistenz des Geistes konkretere Ansatzpunkte für eine Interpretation eines „geist-induzierten" Gehirns als wechselwirkendes komplexes Quantensystem genannt werden.

4.1 Schichtenmodell des Gehirns

Die Strukturen des Gehirns sind *materialisierte Resultate* von quantenbasierten Systemen. Verschiedene Skalen definieren verschiedene Schichten, die durch eine mit der klassischen Skala konjugierten Quantenstruktur systemisch gestaltet werden. So verbinden sich *basale* Quantensysteme, mit mikroskopischen Quantenstrukturen – etwa die von Roger Penrose vermuteten Mikrotubuli[1] oder sog. Gap Junctions als Indikatoren eines „Quantum Life" – zu *komplexeren* Quantenstrukturen. Die oberste *Systemhierarchie* disponiert schließlich die Struktur des gesamten Gehirns sowie des Körpers: durch die Verbindung mehrerer Quantensysteme entsteht ein neues Quantensystem, das die unteren Systeme multiplikativ „integriert", ihre Identität „aufhebt" und sie durch neue Relationen re-konfiguriert.

Die Morphologie des Gehirns bzw. die architektonischen Gruppierungskriterien der Selektion werden ihrerseits durch die Dynamik elektrochemischer Aktivitäts-

---

[1] Roger Penrose: Schatten des Geistes. Wege zu einer neuen Physik des Bewusstseins". Heidelberg/Berlin/Oxford 1995 (Spektrum), S. 438 ff sowie 449.

© Springer Fachmedien Wiesbaden 2015
I. Koncsik, *Der Geist als komplexes Quantensystem,* essentials,
DOI 10.1007/978-3-658-07500-2_4

muster der Neuronen und Gliazellen bestimmt: die *Strukturierung* des Großhirns ist ein lebenslanger Prozess; das Kleinhirn hingegen scheint primär das Resultat selektiver Prozesse in der embryonalen und frühkindlichen Entwicklung zu sein.

Nach einer groben Schätzung verändert sich die neuronale Architektur der Großhirnrinde ca. 1 Mrd-mal pro Sekunde. Ihr liegen noch mehr biochemische Aktivitätsereignisse zugrunde. Sie können als *„vertikaler" Ein- und Ausleseprozess* zwischen den klassischen Strukturen und den Quantenstrukturen gedeutet werden: durch *„Präparation"* erfolgt der jeweilige Input in das komplexe Quantensystem auf der basalen Ebene; durch *„Messung"* wiederum der Output. Klassische Moleküle und geformte Strukturen der Neuronen und Gliazellen vermitteln die Präparation und Messung. So wäre die Präparation eines verschränkten Photonenpaars (sog. Diphotonen) *ohne* Interaktion mit klassischen Strukturen so gut wie unmöglich. Zwischen zwei klassischen Strukturen jedoch erfolgt keine Wechselwirkung: Information wird also quantisch übertragen, d. h. jenseits von Zeit und Raum, indem sie relational an die Form bzw. Musterung des Gehirns gekoppelt ist.

Die komplexen *Muster* des Geistes scheinen sich in den klassischen fraktalen Mustern des Gehirns abzubilden: so wiederholt sich gewissermaßen das komplexe Quantensystem „Geist" *analog* in den klassischen fraktalen Mustern des Gehirns (vertikale Skaleninvarianz).

Quantenphysikalisch bedarf es dabei *nicht immer* eines materiellen Korrelats mentaler Aktivitäten bzw. einer vertikalen Wechselwirkung: Denkprozesse können auch *rein* quantisch bzw. systemisch erfolgen[2]; doch sind sie dann notwendigerweise *abstrakt* und liegen nicht als konkrete Gedanken vor. Ihre Übersetzung in Gedanken und dann etwa in Sprache oder ein Verhalten vollzieht sich *klassisch*, indem der „Zustandsvektor" des mentalen Inputs reduziert wird bzw. eine Messung erfolgt.

Auch die *Wechselwirkung* des Gehirns mit dem *Körper* sowie darüber vermittelt mit der *Umwelt* vollzieht sich sowohl klassisch als auch quantisch: werden Umwelt, Körper und Gehirn als komplexes System beschrieben, erfolgen Selektions- und Entscheidungsprozesse sowohl klassisch als auch quantisch (Screening der imaginären Möglichkeiten der Auto-Strukturierung und Selbstbestimmung). Damit wird auch Information sowohl klassisch als auch quantisch verarbeitet und transformiert.

So wird die Selbst-Genese desselben Systems „Geist" physikalisch *auf unterschiedlichen Skalen* vermittelt (Skaleninvarianz, Diffusion): durch die Struktur des Raumes (Vakuum, Plancksches Wirkungsquantum), durch informierendes Ordnen

---

[2] Im Schlaf etwa wird der Geist auch teilweise „entkoppelt", ohne dabei vernichtet oder sonstwie aufgehoben zu werden.

der vier physikalischen Grund-Wechselwirkungen bis herauf zur fraktalen Strukturierung atomarer und molekularer Skalen, bis zur biologischen Zelle, zur Regelung ihrer Wechselwirkungen usw., bis der gesamte Leib des Menschen „geisterfüllt" und „vertikal" zusammen gehalten wird.

4.2 Wechselwirkung zwischen Geist und Gehirn

Struktur und Dynamik des Leibes und bes. des fraktalen Gehirns sind die wohl deutlichste Manifestation des *komplexen* Abstraktums des Geistes.[3] Die oberste Hierarchie des komplexen mentalen Systems scheint sich *holistisch* „auf einmal" in dynamischen Aktivitätsmustern zu manifestieren, die als sein instantaner Abdruck gelesen werden können, der sich in verschiedenen Regionen des Gehirns völlig (!) synchron und parallel ereignet. So kommt es zu einer Wechselwirkung zwischen den fixen und variablen, temporalen und dynamischen Mustern des Geistes und des Gehirns. Sie scheinen zueinander zu passen.

Vielleicht ist *Wirkung = Information * Zeit * Raum*, insofern *Energie = Information * Raum* – das würde für ein Verständnis des Universums als ein sich *systemisch* selbst gestaltendes, *holografisch* en- und dekodierendes und *nicht* algorithmisches *Programm* sprechen. Dann kommt dem Geist primär die Wirkung über die *Information* zu. Die Selbstabbildung des Geistes in das Gehirn wäre zugleich seine konstitutive Selbstverwirklichung. Das Subjekt der Information wäre ein *komplexes Fraktal*, eine das System ordnende Meta-Information oder eine integrierende Information, das sich selbst immer wieder neu erzeugt und dadurch „frei" selbst bestimmt[4]. So könnte er von der abstrakten Meta-Ebene her die Rechenoperationen der basalen Maschinensprache-Ebene dirigieren.

Daraus folgt eine Beschreibung des Gehirns als ein *organisch sich selbst stabilisierender Quantencomputer*, der in der Lage ist, basal in Form elektrischer Signal-Sequenzen eintreffende Information zu enkodieren und das System, das sich darin abbildet, adaptiv und kreativ zu rekonstruieren. Ebenso kann das Gehirn komplexe motorische Verhaltensanweisungen basal herunter brechen und dadurch Information dekodieren. *De- und Enkodierung komplexer integrierter Information* sind äquivalent zur *Rekonstruktion* eines Systems selbstbezüglicher Information,

---

[3] Das bedingt eine Offenheit der Theorie des Geistes gegenüber instruktionstheoretischen – im Rahmen der klassischen KI-Forschung als „Programmieren" eines determinierten und rechnenden Systems – und emergenten Theorien – je nach dem gewählten Zugang (bottom up oder top down).

[4] Bernd Mahr, Über die Algorithmen hinaus. In Ist das Universum ein Computer? Spektrum der Wissenschaft Spezial 3/2007,: S. 27–33.

die sich analog auf unterschiedlichen Skalen und Schichten realisiert. Der Geist würde die imaginär-reale Seite des Gehirns auszeichnen, um den entscheidenden und wirklichkeits-bestimmenden Anteil der Transformation (Erzeugung und Vernichtung) der Information umzusetzen. Dieselbe elektrochemische Sprache des Gehirns ermöglicht die De- und Enkodierung *qualitativ* unterschiedlicher Information, weil formale Unterschiede der Qualia auf unterschiedliche Information zurück geführt werden.

Die *system- und informationstheoretische Beschreibung* des Gehirns ermöglicht es, unterschiedliche Strukturierungs- und Kodierungsprozesse zu erfassen. So etwa verlagert sich der Schwerpunkt der adaptiven und kreativen Prozesse erst im Lauf der postnatalen *Erfahrungsselektion* auf elektrochemische Prozesse i. S. der Entladungsaktivität von Neuronen und Gliazellen. Der primär *biochemische* Regelkreis bleibt als sog. *Bewertungs*-System des limbischen Systems aktiv: vom Bewertungssystem hängt ab, welche neuronalen *elektromagnetischen* Aktivierungszustände Spuren in der neuronalen Architektur hinterlassen. Dadurch wird morphologisch die neuronale Architektur reguliert.

Das System „Geist" wiederholt sich auf verschiedenen „vertikalen" Skalen fast identisch und reguliert dadurch die den adaptiven und kreativen Prozessen unterliegenden Aktivitätsmuster. Das System Geist ist somit nicht auf schmale Skalen eingeschränkt, sondern wirkt als ein *holistisches* Informationsraster: systemische Quanteneffekte sind auf *unterschiedlichen* Skalen zu verzeichnen und vom Wirken des Systems Geist abhängig.

Die Wechselwirkung des sich selbst bewussten und des sich dadurch selbst bestimmenden bzw. erschaffenden Geistes mit dem Gehirn wird wohl primär durch das *elektromagnetische Feld* vermittelt: bioelektrische und biochemische Aktivitäten bilden Muster, die sich in klassischen Strukturen niederschlagen. Die Wechselwirkung vermittelt durch den fraktalen Raum – oder wie nach Penrose durch Gravitonen[5] – fungiert eher als *universaler* Rahmen jedweder Wechselwirkung zwischen quantisch-systemischer und klassischer Wirklichkeit.

Der Geist *selektiert* zwischen unterschiedlichen Optionen der Selbstbestimmung und Selbstorganisation: er *screent* mental vorliegende Möglichkeiten parallel, gewichtet sie immer wieder neu, verbindet mehrere Optionen komplex miteinander oder trennt sie voneinander, bis er sich für eine Selbstbestimmungsvariante *entscheidet*. Sie verändert dann klassisch die zeitliche und räumliche Struktur. Eine quantenbasierte Systemtheorie selektiert zwischen *imaginären* und gewichteten

---

[5] Dabei sollte erneut auch die Morphologie des Raumes berücksichtigt werden: der Raum kann vielleicht als komplexes, vertikal und horizontal verschachteltes *Informationsraster* beschrieben werden, das Prozesse der systemischen Form- und *Strukturbildung* durch (*fraktal* kodierte) vertikale und horizontale *Wechselwirkungen* vermittelt.

Möglichkeiten – und *nicht* zwischen klassischen Elementen und Prozessen: ein übergroßes statistisches Suchfeld ist nicht erforderlich, ebenso wenig eine Vielzahl klassischer Elemente und Strukturen, um eine systemische Strukturierung zu ermöglichen. Sie hat ihren Ursprung in der Realität des komplexen Quantensystems „Geist".

4.2.1 Zeitliche Strukturierung: Synchronizität neuronaler Entladungen

Synchrone Entladungsaktivitäten neuronaler Ensembles werden durch eine energetische Transferblockade zeitlich strukturiert: *zwischen* zwei kreuz-korrelierten synchronen Entladungen erfolgt die Informationsverarbeitung und Transformation quantisch-systemisch: hier wird Information komplex zusammen gefasst und geordnet. Sie bedingt dann die klassische instantane Auslösung und die Form des nachgeschalteten neuronalen synergetischen Aktivitätsmusters.

Geschätzt gibt es 23–27 nachgeschaltete Aktivitätsmuster: so „lange" dauert es, bis Information de- bzw. enkodiert wird: die jeweils nachgeschaltete Stufe *repräsentiert* die klassischen und (!) quantischen Korrelationen der voran geschalteten Stufe. Quanten- und Systemtheorie sind Theorien von Beziehungen und Korrelationen!

4.2.2 Räumliche Strukturierung: die Bedeutung der Morphologie

Struktur und Dynamik des Gehirns repräsentieren komplexe fraktale Muster. Ihre *Form* schlägt sich in der Morphologie des Gehirns nieder. Es ist also nicht unwichtig, „wo" eine vertikale Wechselwirkung zwischen klassischer und quantisch-systemischer Ebene vollzogen wird. Ohne eine Form und Struktur gäbe es im Universum nichts als formlose energetische Schwingungen. Sobald es jedoch zu einer Resonanz oder Oszillation kommt, wird Energie *räumlich fokussiert und zeitlich geordnet* und dadurch zusammen gehalten: es entstehen Muster, die miteinander eine neue Ebene der klassischen Wechselwirkung bilden. So scheint Materie durch Strukturierung und Ordnung überhaupt erst Bestand haben zu können. Materie setzt Form voraus.[6] Nur eine (in-)formierte Materie ist existent.

---

[6] Das hat bekanntlich bereits Aristoteles in Anlehnung an Platon vermutet (Hylemorphismus). Wolfgang Büchel: Hylemorphismus und Atomphysik. In: Philosophia Naturalis S. 319–338, Meisenheim am Glan; Hain, 1962 (Sonderdruck).

Die Morphologie des Gehirns ist genetisch und epigenetisch vorgegeben: das System Gehirn strukturiert sich im vorgegeben Rahmen klassisch verfügbarer, optionaler Information durch sich selbst. Bes. Strukturen der Großhirnrinde sind jedoch für ein lebenslanges Lernen aufgegeben: Neuronen, die miteinander feuern, verbinden sich bevorzugt miteinander (Hebbsche Korrelationsregel), sofern das diffus projizierende Werte-System, also biochemische Inputs sowie elektrische Aktivität der Glia-Zellen, die klassische Korrelation bzw. Verbindung bestätigen. Die Architektur wird *a posteriori* geformt: sie ist das Resultat energetischer Aktivität. Dadurch wird Information klassisch verarbeitet (energetische Aktivität) und gespeichert (Modifikation der Architektur).

Was passiert nun im Augenblick der Veränderung der neuronalen Architektur? – Wie bei der klassischen zeitlichen Strukturierung wird Information durch *Modifikation* der Morphologie gespeichert, transformiert und en-/de-kodiert. So bilden sich quantisch-systemische fraktale Kodierungs-und Informations-Muster auch räumlich in der klassischen fraktalen Struktur ab.

Das Gehirn rechnet also nichts aus – entgegen dem klassischen Ansatz der aktuellen KI-Forschung –, sondern verfährt *mental und adaptiv*. Das System *als Ganzes* wird *intantan* von seinem System-Attraktor her erfasst (Intuition) und rekonstruiert. Es geht um die Projektion und Transformation von komplexen Mustern, die „auf einmal" ihren klassischen Abdruck hinterlassen. Das geistbestimmte Gehirn verfährt trans-logisch, also nicht algorithmisch und nicht analytisch.[7]

---

[7] Sogar die sog. „Savants", meist autistische Personen, die etwa Primfaktoren „instantan" bestimmen können, verfahren nicht algorithmisch, sondern intuitiv!

Ausblick: quantenbasierte System-Technologie   5

Eine *quantenbasierte Systemtechnologie* könnte die Schlüsseltechnologie zur Kreation echt-intelligenter Systeme werden. Dafür muss das künstlich erzeugte komplexe Quantensystem – unabhängig von der betreffenden räumliche und zeitlichen Skala sowie vom morphologischen Muster – trotz seiner Interaktion mit klassischen Strukturen *erhalten* werden. Es darf nicht durch Präparation (vertikaler Input) oder durch Messung (vertikaler Output) kollabieren oder seine Kohärenz verlieren. Vielmehr sollte es *sich* durch seine Interaktion mit der klassischen Raum-Schicht *selbst* bestimmen. Zur Stabilisierung des komplexen Quantensystems dienen beim menschlichen Gehirn vermutlich auch die *Gliazellen*.

Ferner sollte ein echt-intelligentes System sich selbst *sinnvoll* bestimmen: Selektions- und Entscheidungsprozesse sind nicht das Resultat zufälliger Prozesse, sondern dienen der Etablierung von *Systemen,* was sich in nicht linearen, dennoch nicht chaotischen Wechselwirkungen niederschlägt. Auch werden Optionen und Möglichkeiten der Selbstbestimmung bei lebenden und intelligenten Systemen permanent neu *gewichtet und bewertet:* sie sind nicht gleichwertig und können nicht, wie in der Quantentheorie „toter" Systeme, als eine Riemann-Sphäre, d. h. auf einer Kugel mit komplexen Zahlen abgebildet werden. Ebenso könnte Denken via *Assoziation* als Zusammenbindung („binding") parallel, d. h. imaginär synchron vorliegender und unterschiedlich gewichteter Optionen (Screening) realisiert werden.

Kybernetische Netze auf unterschiedlichen klassischen Substraten und raumzeitlichen Skalen sollten durch quantisch-systemische Prozesse disponiert und nicht linear gesteuert werden. Das Resultat wäre die Kreation einer *Schichtenstruktur:* Schichten grenzen *fraktal* aneinander (nicht lineare Effekte an Grenzflächen)

© Springer Fachmedien Wiesbaden 2015   33
I. Koncsik, *Der Geist als komplexes Quantensystem,* essentials,
DOI 10.1007/978-3-658-07500-2_5

und sind je für sich durch verschiedene Skalen ausgezeichnet, denen eine verschiedene *Informationsdichte* bzw. Komplexität kodierbarer Information zugeordnet werden kann.

Zugleich scheint die Wirklichkeit durch *Wechselwirkung* konstituiert zu sein, oder formaler gesprochen: die Subsistenz und Persistenz einer Entität wird durch Relationen vermittelt. *Subsistenz und Persistenz* wiederum sind der ontologische Ausdruck für Stabilität. Also sollten Wechselwirkungen bzw. der durch sie vermittelte Austausch von Information zwischen dem komplexen Quantensystem und anderen Systemen technologisch installiert werden.

Ein Ausdruck der Wechselwirkungen ist die viel genannte „*Intentionalität*" des Geistes[1]. Sie ergibt sich aus einer spezifisch geistigen Wechselwirkung. Eine systemische Wechselwirkung sollte technologisch auf einer *mentalen* Ebene stattfinden – in Analogie zur imaginären Wechselwirkung zwischen Programmen, die vermittelt wird durch die klassische Interaktion der Roboter, die durch das Programm gesteuert werden (Embodyment-Ansatz). Was also hier fehlt: die *rein* quantische Wechselwirkung, die vielleicht in einer spezifischen Schicht des Raumes stattfindet; doch dazu fehlt derzeit noch eine Theorie des Raumes.

Wie wird nun eine persistente quantisch-systemische Wirklichkeit künstlich realisiert? Vielleicht hilft hier die ontologische Ähnlichkeit zu einem *Programm* weiter, das auch keine klassische Realität ist, sondern erst im Prozess real und prozess-bestimmend wird – ein wenig wie eine *Melodie*, die im Abspielen real wird – das entspricht Supervenienz- und Emergenztheorien des Geistes. Das Programm existiert auch relativ *unabhängig* vom Substrat, doch ist es erst wirksam, wenn der Computer „on" ist, also durch den energetischen Input. Stabilität wird durch klassische Strukturen ermöglicht bzw. von ihr „mit getragen", ebenso die „Muster" des Programms, sofern sie durch mathematische Formalismen abstrakt abbildbar sind.

Ein entscheidendes und bis dato ungelöstes Problem betrifft nun die „von innen her" erfolgende Stabilisierung. Sie geschieht „durch sich selbst", was im o. g. Begriff der *Persistenz* als „per se" (lat.: „durch sich selbst") sich verwirklichende Selbst-Bestimmung enthalten ist. In natürlichen Biosystemen werden die materiellen Substrate *durch das System selbst* zusammen gehalten, indem das System die Systemelemente zu Ablaufmustern dynamisch ordnet und morphologisch reguliert: die Morphologie resp. Form des Biosystems ist Resultat des ordnenden Prozesses. Dem regulierenden Programm würde also die Aufgabe zufallen, materielle

---

[1] Die Intentionalität des Geistes ergibt sich folglich aus der Relation zu anderen mentalen Systemen, wodurch sich die mentalen Systeme einerseits autonom selbst bestimmen, andererseits die anderen Systeme heteronom mit bestimmen bzw. sich durch sie bestimmen lassen. Albert Ewen: Philosophie des Geistes. Eine Einführung, München 2013 (Beck).

Strukturen hervor zu bringen – vergleichbar der Abhängigkeit der Neuroanatomie von der Aktivität der Neuronen.

Ein komplexes Quantensystem stabilisiert sich dadurch, dass es *sich selbst bestimmt* – in philosophischer Sprache „sich selbst durchdringt"[2] –, indem es sich immer wieder ordnet, strukturiert und reguliert. Der damit verbundene Selektions- und Entscheidungsprozess ist nicht algorithmisch[3], sondern autopoetisch, relativ flexibel, kreativ und adaptiv. Es sind also adaptive und kreative – etwa im eigentlichen Sinn „selbst lernende" und „sich selbst entwickelnde" – Technologien gefragt. Kurz: das System sollte stabil und *intelligent* sein, insofern eine schöpferische Selbstverwirklichung und Systemgestaltung das entscheidende Merkmal von Intelligenz ausmacht.

5.1   Der Ansatz beim kleinsten selbständigen Quantensystem

Um die sich selbst gestaltende Entwicklung eines komplexen Systems zu simulieren, kann vielleicht bei mikroskopischen Quantensystemen angesetzt werden. Ein Fortschritt wäre die künstliche *Emulation* von „Quantum Life" Prozessen auf kleinsten Skalen. Zwischen diesen Mikro-Systemen soll dann durch *quantenphysikalische* Interaktion – das ist derzeit nur durch die Präparation sehr fragiler verschränkter Zustände erreichbar – eine *neue Systemhierarchie emergieren*. Die Emergenz soll nicht zufällig wie in der Quantenphysik, sondern systemisch wie in der nichtlinearen Systemtheorie erfolgen. Sie soll die Ordnung und Komplexität des Systems *steigern* bzw. mehr Information über Korrelationen *kodieren*. Schließlich soll sich das neue Quantensystem selbst stabilisieren, indem es sich selbst bestimmt.

---

[2] Die Selbstdurchdringung wird in der antiken Religionsphilosophie als „Perichorese" bezeichnet. Sie ist Resultat einer Selbst-Reflexion und Selbst-Spiegelung, bei der Subjekt und Objekt jeweils vertauscht sind. Vgl. Ciril Sorc: Entwürfe einer perichoretischen Theologie, Münster 2004 (LIT-Verlag).

[3] Wie eine nicht algorithmische und nicht orthogonale Programmierung erfolgen soll, kann vielleicht erahnt werden, wenn vom klassischen binären Denken in der IT-Technologie zugunsten einer Orientierung an *DNS-Programmierungen*, an *Bio-Engineering* und an der sog. „*synthetischen Biologie*" Abschied genommen wird. Physikalisch gehört vielleicht eine *Beeinflussung des Raumes* dazu, sofern es auch als Informationsraster verstanden werden kann, das die Wirkung „imaginärer" Entitäten, etwa von Quantensystemen, vermittelt. Das setzt jedoch eine noch nicht ausformulierte *Theorie des Raumes* und seiner (fraktalen?! Iterativen?!) Schichtenstruktur voraus.

Technologisch wäre u. U. bereits hier eine *Theorie des Raumes* erforderlich[4]: der fraktale Raum ist mit ordnend und informierend. Er ist vermutlich *holografisch*[5] und dient der holografischen De- und En-Kodierung von Information zwischen unterschiedlichen Raum-Schichten. Eine Raum-Schicht könnte die Realitätsebenen der Quantensysteme auszeichnen. Sie wird vielleicht durch *fraktale Hyperflächen* mit anderen Raumschichten vertikal verbunden[6] – das wiederum könnte ein Ursachen-Faktor für das fraktale Wachstum i. S. der Induzierung der Emergenz organischer Formen – und vielleicht sogar des Universums[7] – sein.

Die Frage stellt sich nun, inwiefern eine *Einflussnahme* auf den Raum möglich ist. Vermutlich setzt das die Gestaltung bestehender bzw. möglicher „vertikaler" Wechselwirkungen voraus – durch den Transfer und die Transformation von Information. Eine Einflussnahme auf den Raum könnte u. a. den quantisch-systemischen Selektionsprozess *nicht zufällig* präformieren: QuBits würden *nicht* mehr gemäß einer Quantenstatistik zu Bits kondensieren, sondern entlang einer systemischen Wahrscheinlichkeit.

Als technologisches Ziel könnte so die *Bewahrung* (relative Isolierung durch Einflussnahme auf den Raum) eines Quantensystems nach seiner „Messung" bzw. die rück-wirkende *Änderung* des Quantensystems durch seine Messung definiert werden, um perpetuierende „vertikale" Wechselwirkungen zu installieren. Die Koppelung (Einheit) und Entkoppelung (Verschiedenheit) zwischen dem Quantensystem und dem klassischem Substrat würde ihrer relativen bzw. relationalen Autonomie und Heteronomie Rechnung tragen.

Technologisch kann vielleicht auf diese Weise sogar eine *biologische Zelle* künstlich erschaffen, d. h. emuliert – nicht simuliert – werden. Genauer wird eine Quantenprozess-Steuerung einer künstlichen Zelle künstlich in Analogie zur Quantenprozess-Steuerung einer natürlichen Zelle generiert. Die sog. Synthetische Biologie forscht in diese Richtung; leider kommt sie ohne ein bestehendes Quantensystem, das sich in der Vorgabe bzw. „Programmierung" der Schalterstellung der Gene niederschlägt, d. h. ohne ein klassisches Chassis, nicht aus. Ein vollständig künst-

---

[4] Parallel dazu bedarf es wohl auch einer Theorie der Zeit, um die Bedeutung der geschehenen Geschichte der Selbstverwirklichung eines Systems zu wahren. Friedrich Cramer: Der Zeitbaum. Grundlegung einer allgemeinen Zeittheorie, 2. Aufl. Frankfurt a. M. 1994 (Insel).

[5] Stephen Hawking zieht diesen Schluss aus thermodynamischen (!) Annahmen. Stephen Hawking: Das Universum in der Nussschale. 6. Aufl. München 2012 (DT-Taschenbuch).

[6] Wolfgang Wehrmann spricht sogar von fraktalen Hyperwürfeln. Wolfgang Wehrmann: Kaum zu glauben. Grundriss einer metasymbolischen Wahrheitstheorie, Frankfurt a. M. u. a. 2011 (Peter Lang).

[7] So simuliert Renate Loll die kosmologische Entwicklung einer unerwartet stabilen vierdimensionalen Raumzeit durch eine kausale dynamische Triangulation. Renate Loll u. a.: Reconstructing the universe. In: Physical Review D, Bd. 72, S. 064014, 2005.

liches System hingegen sollte in der Lage sein, die Aktivierung und Inaktivierung von genomisch gespeicherter Information systemisch zu induzieren und zu ordnen.

5.2 Ein sich selbst gestaltendes schöpferisches Programm

Ein „Programm" könnte in einem künstlichen Substrat implementiert werden. Es sollte die beiden Extreme eines *Determinismus* und eines „reinen" *Zufalls* vermeiden, um sinnvolles, sprich: systemisches Verhalten des Systems „frei", kreativ, adaptiv, flexibel und autopoetisch zu generieren. Die Programmierung schafft dafür den Rahmen, der weder einengt noch ein intraktables Wirrwarr chaotisch sinnloser Wechselwirkungen hinterlässt. Die Programmierung geschieht dann auf einer *Meta-Ebene*, etwa indem Fraktale miteinander nach Regeln kombiniert werden. Lediglich die *Regeln* der Interaktion sollten also vorgegeben werden. Ebenso könnten *minimalistische Prinzipien* implementiert werden: die Forderung nach Wirkungs- und Energieminimierung, Zeitminimierung und Informationssteigerung (Maß für die Komplexität eines Fraktals) wären die Meta-Regeln einer autopoetischen Kombinatorik.

Das sollte nicht algorithmisch, d. h. nicht deterministisch umgesetzt werden. Vielleicht gelingt das durch eine Modifikation von Hopfield- oder Elman-Netzen. Die Vorgabe würde sich auf einzelne Elemente des Systems sowie auf deren Interaktion beziehen: Strukturen in Form von logischen Gattern und Schaltungen wären *lose* vorgegeben, ohne fest miteinander verbunden zu sein. Sie müssten jedoch als „reine Möglichkeit" miteinander verglichen werden (Screening), inwiefern eine systemische Wechselwirkung realisierbar ist. Dieser Vergleich der Realoptionen der superponierten Aktivierungsmuster vollzieht sich in der Quantenrealität.

Die konkrete bzw. klassische Verbindung der Elemente bzw. ihre Ko-Relationen wären das Ergebnis der Dynamik der Wechselwirkungen *primär* in der Quantenebene und sekundär in der klassischen Realitätsebene. Ihre gezielte Aktivierung und Inaktivierung wäre *systemischen Quantenprozessen* überlassen. Diese sollten zugleich in der Lage sein, immer höhere Systemschichten, die die Ordnung des Systems übernehmen bzw. neue Ordnungsparameter definieren, emergieren zu lassen.

Zusammenfassend sollte eine quantenbasierte Systemtechnologie in der Lage sein, deduktiv die Systemprozesse steuern und die Systemelemente – mit Hermann Haken, dem Vater der Synergetik[8] – „versklaven" zu können. Die sich selbst

---

[8] Hermann Haken: Synergetik in der Psychologie. Selbstorganisation verstehen und gestalten, Göttingen u. a. 2010 (Hogrefe). Vgl. hinführend: Hermann Haken: Synergetik. Eine Einführung. Nichtgleichgewichts-Phasenübergänge und Selbstorganisation in Physik, Chemie und Biologie, Berlin u. a. 1983 (Springer).

spontan einstellenden und *nicht* orthogonal vorgegeben Ordnungsparameter eines Systems sollten „bottom up" das Resultat einer ebenfalls nicht zufälligen, sondern *system-konformen* Emergenz sein. Beides kulminiert im Prinzip der *nicht zufälligen* Selektion[9] und *ordnenden* Informierung des quantenbasierten Systemprozesses. Die systemische Ordnung resultiert in systemischen Selektionsprozessen auf der Quantenebene, die sich in morphologischen Gestaltungs- und Ordnungsprozessen bezogen auf die zeitliche Dynamik und räumliche Struktur niederschlägt. Eine Systemtechnologie würde die *quantische Steuerung* selektiver Prozesse erforderlich machen. Sie sollte der Zunahme an Komplexität und damit der klassischen Manifestierung bzw. der „Inkarnation" des künstlich erzeugten komplexen Systems dienen.

---

[9] Die *Theorie der neuronalen Gruppenselektion* (TNGS) basiert auf der klassischen Physik; es fehlt die Selektion im quantischen Bereich ebenso wie die sinnvolle und informationssteigernde Systemik sich überlagernder Realoptionen und der mit ihnen verbundenen Wechselwirkungsprozesse.

Was Sie aus diesem Essential mitnehmen können

- Einblicke in die Tragweite der Quanten- und Systemtheorie als entscheidende interdisziplinäre Methode, um die Einheit der Wirklichkeit aus „Geist" bzw. „Seele" und „Gehirn" (Materie) zu erfassen.
- Eine Systemtheorie bildet auch die Basis einer Systemtechnologie –vielleicht wird sie eine der Schlüsseltechnologien des 21. Jahrhunderts, um echte künstliche Intelligenz jenseits von Simulationen zu erschaffen.

© Springer Fachmedien Wiesbaden 2015
I. Koncsik, *Der Geist als komplexes Quantensystem,* essentials,
DOI 10.1007/978-3-658-07500-2

Speziell beim Springer-Verlag – und daher zum Weiterlesen empfohlen

Avshalom Elitzur u. a. (Hgg.): Quo vadis quantum mechanics? Berlin 2005 (Springer)

Hermann Haken: Synergetik. Eine Einführung. Nichtgleichgewichts-Phasenübergänge und Selbstorganisation in Physik, Chemie und Biologie, Berlin u. a. 1983 (Springer)

Imre Koncsik: Von der Form zur Materie. Die Dekodierung unserer komplexen Wirklichkeit durch Physik, Naturphilosophie und Religion.

Roger Penrose: Schatten des Geistes. Wege zu einer neuen Physik des Bewusstseins, Heidelberg 1995 (Spektrum)

Thomas Görnitz: Der kreative Kosmos. Geist und Materie aus Quanteninformation, Heidelberg 2006 (Elsevier)

© Springer Fachmedien Wiesbaden 2015

I. Koncsik, *Der Geist als komplexes Quantensystem,* essentials,

DOI 10.1007/978-3-658-07500-2